Inhalt

Wegweiser

Dieses Buch wendet sich an Praktiker. Die folgenden drei Symbole führen Sie schnell zum Ziel:

 Dieses Symbol markiert **Anwendungstipps:** Hier erfahren Sie, wic Sie bei der Umsetzung am besten vorgehen.

 Hier geben wir Ihnen **Praxisbeispiele,** die zeigen, wie die Thematik von anderen konkret umgesetzt wird.

 Wo Sie dieses Symbol sehen, weisen wir Sie auf **Hürden und Hindernisse** hin, die einer Umsetzung erfahrungsgemäß oft im Wege stehen.

1 Einführung

Der Begriff Risikomanagement ist in der jüngeren Vergangenheit in vielen Unternehmen unterschiedlichster Branchen zu einem aktuellen Thema geworden. Hauptsächlich geschieht dies aus einem Grund: Die Zahl der Unternehmensinsolvenzen hat in den letzten Jahren in Deutschland stark zugenommen, von ca. 22 000 im Jahr 1995 auf knapp 40 000 im Jahr 2004. Laut einer Studie der Creditreform (2004) liegen die Ursachen von Insolvenzen in fast drei von vier Fällen in Managementfehlern begründet. Auswirkungen externer Faktoren, wie Marktsättigung, Branchenkonjunktur oder politische Rahmenbedingungen, sind dagegen nur bei jedem fünften Unternehmen ausschlaggebend für die Unternehmenskrise. Auch europaweit betrachtet belegte Deutschland 2003 in der Zahl der Insolvenzen einen traurigen zweiten Platz – hinter Frankreich und vor Großbritannien und Italien.

Inzwischen ist der Wunsch nach Absicherung gegenüber Risiken (z. B. fehlende Versorgungssicherheiten bei „instabilen" Zulieferern) bei größeren Unternehmen und Konzernen enorm gestiegen. Mit Hilfe verschiedener Methoden (erweiterte Audits, nachweisbare zertifizierte Risikomanagementsysteme, Rating der Lieferanten durch Externe usw.) arbeiten sie daran, diesem Wunsch gerecht zu werden.

Ein definiertes Risikomanagement soll dem Unternehmen dazu verhelfen, den eventuell eintretenden Risikoereignissen gelassen entgegentreten zu können, es dient also primär der eigenen Absicherung. Darüber hinaus schafft es die Basis für ein Vertrauensverhältnis gegenüber Interessenspartnern, wie Kreditgebern oder Kunden, was die Grundlage für eine erfolgreiche Zusammenarbeit darstellt.

1.1 Risiko: Was ist das?

Etymologisch soll sich der Begriff „Risiko" interessanterweise aus der Seefahrt herleiten, im Sinne von „eine Klippe umschiffen" – für Unternehmer, die als Kapitän ihr Unternehmensschiff auch in unsicheren Gewässern im Griff haben müssen, eine nicht unpassende Metapher. Denn mit dem Begriff „Risiko" assoziieren viele Unternehmensverantwortliche einen möglichen, negativen Ausgang bei einer Unternehmung oder bei einem eintretenden Ereignis, womit Nachteile, Verluste oder Schäden verbunden sind.

Doch bereits die im herkömmlichen Sprachgebrauch manchmal süffisant angewendete Redeformel „no risk, no fun" zeigt die andere Seite der Medaille. Betreiben Sie beispielsweise keine mit Risiken behaftete Sportart (wie z. B. Skifahren oder Bergsteigen), so können Sie auch nicht das in der Regel damit ausgelöste Spaßgefühl erleben.

Legt man den lateinischen Ausdruck „risicare" (übersetzt: etwas wagen, etwas unternehmen) dem Wort Risiko zugrunde, so verbirgt sich dahinter auch etwas Positives, eine Chance (Bild 1). Verzichtet beispielsweise ein Unternehmer bewusst darauf, seine Produkte in einen neuen Markt einzuführen, weil er kein Risiko eingehen möchte, verbaut er sich damit die Chancen, Umsatz bzw. Profit zu machen.

Welche Risiken sind es nun, mit denen ein Unternehmen konfrontiert werden kann?

Grundsätzlich lässt sich eine Differenzierung zwischen versicherbaren und spekulativen Risiken vornehmen. Versicherbare Risiken beziehen sich auf Verluste, die durch plötzlich auftretende Ereignisse hervorgerufen werden, z. B. Blitzschlag o. Ä. Sie können größtenteils, wie der Name schon sagt, durch Versicherungen abgedeckt werden. Die spekulati-

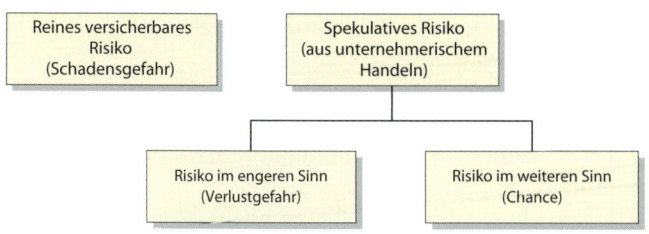

Bild 1: *Der Begriff Risiko (risicare [lat.]: etwas wagen)*

ven Risiken wiederum teilen sich in die Risiken im engeren Sinn (Verluste) und im weiteren Sinne (Chancen) auf und beziehen sich auf sämtliche unternehmerischen Tätigkeiten. Dieses spekulative Risiko beinhaltet demnach auch immer die Möglichkeit auf einen positiven Ausgang bzw. auf Erfolg der geplanten Aktion.

Beschäftigt man sich mit dem Risiko oder dem Risikomanagement in einem Unternehmen, steht dies in einem engen Zusammenhang mit dem Begriff der Krise. Um den Begriff Risiko besser abgrenzen zu können, erscheint es sinnvoll, auch den Begriff Krise zu betrachten.

Unternehmenskrise – ein Wort, das man derzeit häufig zu hören oder zu lesen bekommt. Was ist nun der Unterschied zwischen einem Risiko und einer Krise? Wie lassen sich Risikomanagement und Krisenmanagement voneinander abgrenzen?

Eine der zahlreichen Definitionen für Krisenmanagement, die man in der Literatur findet, lautet z.B.: „Führung der Unternehmung zur Bewältigung von Prozessen, die den Fortbestand der gesamten Unternehmung nachhaltig gefährden." Allen Definitionen für Krisen sind folgende Merkmale gemein:

- ▶ überlebensrelevante Ziele sind in Gefahr (z. B. Erzielung eines Mindestgewinns),
- ▶ zeitraumbezogen; kein urplötzliches Auftreten,
- ▶ offener Ausgang,
- ▶ Unternehmen nicht mehr liquide bzw. Überschuldung droht,
- ▶ Unternehmen erwirtschaftet nachhaltige Verluste,
- ▶ keine/ungenügende Erfolgspotenziale.

Eine Unternehmenskrise führt demnach ohne Durchführung von Gegenmaßnahmen am Ende immer zur Insolvenz.

Vor allem die ersten beiden Aspekte liefern den Unterschied zu dem Begriff Risiko. So können Maßnahmen und Ereignisse in einem Unternehmen zu einem Risiko mit Negativausgang führen (beispielsweise zu starken Umsatzeinbußen). Diese können, müssen aber nicht zwangsläufig das Unternehmen in seiner Existenz gefährden. Die in einem Unternehmen vorhandenen Risiken können die Gewinne zwar schmälern, ggf. Mitarbeiter demotivieren etc., müssen aber nicht ausschließlich langfristig in die Insolvenz führen.

Weiterhin beschäftigt sich das Risikomanagement im Gegensatz zum Krisenmanagement auch mit plötzlich und unvorhersehbar auftretenden Ereignissen (Naturereignisse) und bewertet diese im Vorfeld.

1.2   Gründe für die Einführung und Nutzen eines Risikomanagementsystems

Sich verändernde Rahmenbedingungen durch sich wandelnde Märkte und politische Strukturen sind sicher Teil der Ursachen für den Anstieg der Insolvenzen. Aber waren diese

Änderungen in Märkten bzw. in den politischen Strukturen nicht vorauszusehen? Eine mangelnde systematische Analyse von Risiken und das Fehlen von Vorsorgemaßnahmen sind Versäumnisse, die einigen Unternehmen anzukreiden sind. Vor dem Hintergrund von zahlreichen aufsehenerregenden Insolvenzen (Schneider, Holzmann, Enron, WorldCom etc.) wurde der Ruf nach gesetzlichen Forderungen immer lauter. Dem trugen die Verantwortlichen Rechnung, indem sie gesetzliche Änderungen (KonTraG, Basel II, Sarbanes Oxley Act etc.) einführten, die von den Unternehmen ein nachweisbares Risikomanagementsystem fordern.

1.2.1 KonTraG

Am 1. Mai 1998 ist das Gesetz zur Kontrolle und Transparenz im Unternehmensbereich (KonTraG) in Kraft getreten. Dabei handelt es sich nicht um ein eigenständiges, neu formuliertes Gesetzeswerk. Vielmehr bündelt es umfangreiche Änderungen einzelner Paragrafen des Aktien- und Handelsgesetzes. Das Gesetz entstand aufgrund zahlreicher Vorfälle in der Wirtschaft in der Vergangenheit (z. B. Schneider, Balsam, Metallgesellschaft etc.). Diese öffentlichkeitswirksamen Fälle führten zu einer heftigen Diskussion und Kritik gegenüber Kreditinstituten, Wirtschaftsprüfern, Aufsichtsräten und Managern.

Im Wesentlichen verpflichtet das KonTraG die Unternehmen zu:

▶ Einrichtung eines Risikomanagementsystems,
▶ Berichterstattung über Risiken der künftigen Entwicklung,
▶ Ausweitung der Jahresabschlussprüfung.

Konkret fordert beispielsweise § 91 II AktG: „Der Vorstand hat geeignete Maßnahmen zu treffen, insbesondere ein Überwachungssystem einzurichten, damit der Fortbestand der Gesellschaft gefährdende Entwicklungen früh erkannt werden." Als Beispiel für den zweiten Punkt lässt sich § 289 I HGB anführen: „Im Lagebericht ... der Kapitalgesellschaft ... ist auf die Risiken der künftigen Entwicklung einzugehen." § 317 II HGB dient schließlich als Beleg für den dritten Punkt: „Der Lagebericht und der Konzernlagebericht sind ... zu prüfen ... Dabei ist auch zu prüfen, ob die Risiken der künftigen Entwicklung zutreffend dargestellt sind."

Was die einzelnen Paragrafen betrifft, so sind sie im Wortlaut nur für größere Kapitalgesellschaften (Aktiengesellschaften/größere GmbHs) maßgeblich. Jedoch ist in diesem Zusammenhang von einer „Ausstrahlwirkung" auch auf mittlere und selbst auf die kleinen GmbHs die Rede, da der Geschäftsführer einer GmbH in den Angelegenheiten der Gesellschaft die Sorgfalt eines ordentlichen Geschäftsmannes anzuwenden hat.

Genaue Angaben, ab welcher Unternehmensgröße ein Risikomanagement einzuführen ist und welche Anforderungen explizit zu erfüllen sind, lässt der Gesetzgeber allerdings offen.

1.2.2 Basel II und Rating

Neben dem KonTraG geistert seit einigen Jahren das Schreckgespenst Basel II (Zusammenkunft der Bankenaufsicht der G-10-Staaten) immer noch als Reizwort in den Unternehmen umher. Genauer betrachtet, bedeutet Basel II lediglich die neu formulierten Bedingungen an Kreditinstitute bei Ausgabe von Großkrediten. Interessant erscheint dabei, dass die Bestimmung von Basel II nur indirekt auf die Unternehmen Ausstrahlwirkung zeigt. Insbesondere Deutschland trat bei der Umsetzung der Basel-II-Vorschriften von Anfang an sehr engagiert auf. Und dies, obwohl während der letzten Jahre die inhaltlichen Forderungen immer mehr zurückgeschraubt worden sind und derzeit sogar über den völligen Entfall der darin eingebrachten Ideen diskutiert wird. Die Inhalte der ersten Diskussion in Basel II führten zur Sensibilisierung der Bankenlandschaft in Deutschland im Umgang mit der Vergabepraxis von Krediten. Daraus resultierten nationale gesetzliche Neuanforderungen an die Kreditinstitute für diese Vergabepraxis, die sich in den „Mindestanforderungen für das Betreiben von Kreditgeschäften (MaK)" niederschlugen, was unabhängig von den Ergebnissen von Basel II ein stringenteres Vorgehen bei Kreditvergaben bedeutet.

Als Resultat ergibt sich für die deutschen Banken, dass nahezu jedes Unternehmen, Projekt etc. bei einer Kreditaufnahme einem Rating unterschiedlichster Ausprägung unterzogen werden muss. Unter dem Rating versteht man die Einstufung eines Unternehmens auf einer Skala, wobei die wahrscheinliche Ausfallquote des Kredits in die Bewertung einfließt. Diese Einstufung ist schließlich maßgeblich für die Höhe des Kreditzinssatzes. Das Rating führt die Bank selbst oder eine externe Ratinggesellschaft nach festgelegten Standards in der Regel über vorgegebene (und von der Bankenaufsicht testierte) Fragebögen durch.

Wichtig in diesem Zusammenhang erscheint an dieser Stelle der Hinweis auf die gesetzlichen Regelungen, die für die Kreditinstitute selbst zutreffen. Die Institute müssen für ihre wahrscheinlichen Kreditausfälle eine bestimmte Eigenkapitalunterlegung nach einem bestimmten Muster vornehmen, d. h. ihr Arbeitskapital auf Eis legen. Raten sie beispielsweise ein scheinbar hervorragendes Unternehmen nicht, so haben sie aus der gesetzlichen Verpflichtung heraus einen sehr hohen prozentualen Eigenkapitalanteil zurückzulegen. Aus diesem Grund werden die Kreditinstitute jedes kreditnehmende Unternehmen verpflichten, sich einem Rating zu unterziehen.

Betrachtet man nun diese Ratingfragebögen, so spiegeln sich darin viele Themen wider, die mit dem Risikomanagement in engem Zusammenhang stehen. So werden einerseits Finanzkennzahlen unter dem Fokus analysiert, wie sich ein Unternehmen entwickelt hat und wahrscheinlich zukünftig entwickeln wird. Andererseits beziehen sich die Fragen aber auch auf Managementsysteme und vorhandene Risikobetrachtungen durch das Unternehmen. Fragen zum Management eines Unternehmens zielen beispielsweise ab auf:

▶ die strategische Qualität der Geschäftsführung,
▶ die strategische Risikobetrachtung der Geschäftsfelder,
▶ die strategische Risikobetrachtung des Beschaffungswesens,
▶ die Risikobetrachtungen über die Kundenstruktur (z.B. Abhängigkeiten von einem Kunden etc.),

Für kreditnehmende Unternehmen bedeutet dies, dass sie sich zwangsweise mit möglichen Risiken in ihren Unternehmen intensiv auseinander setzen müssen. Ein zutreffender Ratingfragebogen kann hierfür durchaus als Orientierungshilfe dienen.

1.2.3 Sarbanes-Oxley Act

Der Sarbanes Oxley Act (abgekürzt SOX) wurde 2002 in den USA auf Initiative eines Senators namens Sarbanes und eines Kongressabgeordneten namens Oxley erlassen. Das Gesetz war die logische Antwort auf eine Reihe von aufsehenerregenden Finanzskandalen in namhaften US-Unternehmen: u. a. Enron, Arthur Andersen, Tyco und WorldCom. Diese Skandale hatten eines gemeinsam. Diese Unternehmen beschönigten oder verfälschten die Darstellung bestimmter finanzieller Transaktionen. Dies führte zu riesigen Verlusten bei den Aktionären und zu einer Vertrauenskrise bei den Anlegern.

Das Gesetz erhöht die Transparenz und verschärft die Kontrolle durch unabhängige Prüfer und macht Manager persönlich für ihr Verhalten haftbar. Die Manager zeichnen sich für die Richtigkeit ihrer Finanzberichte verantwortlich und müssen bestätigen, dass sie die Berichte gelesen haben, sie der Wahrheit entsprechen und die finanzielle Situation des Unternehmens akkurat darstellen. Das Ausrede-Prinzip: „Das habe ich nicht gewusst", gilt nicht mehr. SOX sieht also neue Verantwortlichkeiten in der Unternehmensberichterstattung vor, einschließlich der Einhaltung neuer interner Kontrollmechanismen und Vorgehensweisen, die die Validität der Finanzberichte sicherstellen sollen.

Diese verstärkte direkte Inhaftungsnahme der Geschäftsführung/Vorstände führt zu der Notwendigkeit, dass Finanzberichte und deren Grundlagen von diesen verstanden werden müssen. Obwohl SOX sich im engeren Sinn auf die Finanzberichterstattung fokussiert, wirkt er sich jedoch auch stark auf die zugrunde liegenden Ursachen bzw. Früherkennungssysteme aus. Jeder Manager wird dadurch gefordert, sich mit seinem Unternehmen nicht nur im Finanzbereich intensiv auseinander zu setzen und dies wahrheitsgetreu zu berichten.

SOX betrifft alle Unternehmen, die an den US-Börsen notiert sind, egal, wo sie ihren Sitz haben, d. h. auch internationale Konzerne fallen unter diese Regelung. Allerdings wird auch in Europa erwartet, dass die EU in diesem Bereich aktiv wird und die geltenden Richtlinien nach dem amerikanischen Sarbanes-Oxley-Vorbild verschärft.

Für europäische Unternehmen gilt also: wer die SOX-Anforderungen erfüllt, genießt auf den internationalen Kapitalmärkten und bei Banken einen großen Vertrauensvorschuss und weist gegenüber Finanzrisiken ein Berichtssystem mit Frühwarncharakter aus.

1.2.4 Risikomanagement als Erfolgsbedingung

Die obigen Ausführungen zeigen eine Auswahl von gesetzlichen Hintergründen, die ein Risikomanagement im Unternehmen erforderlich machen. Unabhängig davon scheint jedoch der aktive Umgang mit Risiken ein wichtiges Glied in der erfolgreichen und präventiven Unternehmensführung zu sein. Die Risiken in einem Unternehmen rechtzeitig erkennen und angemessen einstufen zu können bedeutet in vielen Fällen die Vermeidung des Eintretens der Negativereignisse und lässt hingegen Positivausprägungen von Risiken zu.

Untersuchungen von insolventen Unternehmen belegen, dass ca. 60% der Unternehmenskrisen auf Nichtbeachtung strategischer Risiken zurückführbar sind, d.h., die Verantwortlichen verpassten es, drei bis fünf Jahre vor der Insolvenz geeignete Maßnahmen einzuleiten. In den meisten Fällen ist dieses Fehlverhalten demnach ursächlich für Liquiditätsengpässe, die eine Insolvenz zur Folge haben. Etwa 10% der Insolvenzen lassen sich auf plötzlich, ohne Vorwarnung auftretende Liquiditätsengpässe zurückführen. Die restlichen 30%

der Insolvenzen beruhen auf Ertragskrisen (Bild 2). Es ist hierbei müßig darüber zu spekulieren, ob nicht bei 100% der Insolvenzen die Ursache in der strategischen Komponente eines Unternehmens liegt.

Entscheidend bei dieser Diskussion bleibt, dass die Betrachtung der Risiken für den Fortbestand und den Erfolg eines Unternehmens zwingend ist.

Eine risikobewusste Geschäftsleitung wird sich immer fragen müssen: „Welche Risiken bestehen?" und „Welche Risiken muss und darf ich eingehen, um erfolgreich zu bestehen?" Setzt sich eine Geschäftsleitung nicht ausreichend mit diesen Fragen auseinander, sind beispielsweise fehlende Versicherungen gegen kritische Ertragsausfälle die Folge (mögliche Ursachen für die Ertragsausfälle sind Produktionsaus-

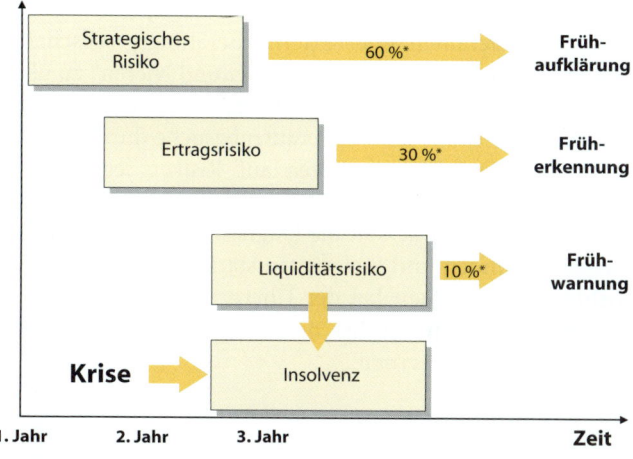

* Anteil der ausgelösten Insolvenzen

Bild 2: *Risikoformen*

fälle wegen fehlender Lieferungen, technische Störungen, Umwelteinflüsse wie Hochwasser etc.).

Ein weiterer Punkt, der zeigt, dass ein Risikomanagement als wesentlicher Erfolgsfaktor zu betrachten ist, ergibt sich aus der derzeitigen wirtschaftlichen Entwicklung. Die Insolvenzwelle führt dazu, dass sich immer mehr Unternehmen strengen „Prüfungen" stellen müssen, die mit den Forderungen an ein Risikomanagementsystem in Verbindung zu bringen sind. Aufgrund der Gefahr eines Lieferantenausfalls mit all seinen Konsequenzen fordern inzwischen immer mehr Konzerne von ihren Lieferanten Risikomanagementsysteme. Explizit drückt sich dies bereits in der Normforderung der ISO/TS 16949 (spezifische Qualitätsmanagementnorm in der Automobilindustrie; siehe Pocket Power ISO/TS 16949) und deren Interpretation aus. Interessant erscheint in diesem Umfeld, dass Konzerne beginnen, die Lieferanten über externe Beratungsgesellschaften ähnlich einem Ratingsystem auf „Herz und Nieren" zu überprüfen. Diese Überprüfung geht dabei weit über die bisher üblichen Audits bzw. Lieferantenbesuche durch Einkäufer hinaus. Das Durchleuchten auf Risiken jeglicher Art (auch finanzieller Aspekte) ersetzt quasi das Bankenrating. Diese Vorgehensweise soll die langfristige Zusammenarbeit zwischen Kunden und Lieferanten stärken. Weist ein untersuchtes Unternehmen bei der Überprüfung ein Risikomanagementsystem vor, führt dies zu einem Vertrauensvorschuss bei den Konzernen.

1.3   Was ist ein Risikomanagementsystem?

Aus gesetzlichen Bestimmungen heraus lassen sich keine eindeutigen Mindestforderungen für ein Risikomanagementsystem ableiten. Die Anforderungen an den Detaillierungs- und Formalisierungsgrad eines Risikomanagementsystems sind somit vom Prinzip her frei bestimmbar, stehen aber zweifellos in engem Zusammenhang mit folgenden Punkten.

> **Detaillierung und Formalisierung eines Risikomanagementsystems**
>
> Der Detaillierungs- und Formalisierungsgrad eines Risikomanagementsystems ist vor allem abhängig von:
> - Unternehmensgröße,
> - Branche,
> - Komplexität und Struktur des Unternehmens,
> - Kapitalstruktur.

In einer alteingesessenen Schlosserei mit zehn Mitarbeitern wird das 50-jährige Geschäftsführerehepaar vermutlich weniger formalisierte und weniger detaillierte Risikomanagementinstrumente anwenden als ein Konzern mit 10 000 Mitarbeitern und einer komplizierten Matrixorganisation.

Als Orientierungshilfen für die Einführung eines Risikomanagementsystems können Sie verschiedene Standards heranziehen, wobei sich diese nicht wesentlich unterscheiden. Nachfolgend sind zwei anerkannte Beispiele für den Aufbau eines Risikomanagementsystems aufgeführt:

▶ Prüfstandard 340 nach IDW (Institut der Wirtschaftsprüfer in Deutschland e. V.),

▶ Norm AS/NZS 4360:1999 (Australien/Neuseeland).

▶ Neben diesen beiden Standards findet man in der Literatur bzw. Normenwelt noch einige andere:

▶ ISO/IEC Guide 73 Risikomanagement,

▶ Risikomanagement-Standard der ferma (Federation of European Risk Management Association, 2003),

▶ CAN/CSA-Q850-1997 (Canadian Standards Association),
▶ JIS/TR-Z0001 of November 1997 (Japanese Standards Associations),
▶ ON-Regeln 49000–49003 (Norm Österreich).

In Deutschland gilt bisher der IDW-Prüfungsstandard 340 als ein bevorzugter Standard bei der Etablierung von Risikomanagementsystemen (Bild 3). Bereits durch seine Herkunft bestimmt, zeichnen sich vor allem interne Revisoren, Controller und Wirtschaftsprüfer dafür verantwortlich. Der Fokus der inhaltlichen Ausprägung der einzelnen Bausteine bewegte sich vornehmlich im Umfeld des KonTraG.

Inzwischen findet die australische/neuseeländische Norm AS/NZS 4360:1999 auch in Deutschland immer mehr Beachtung. Der zentrale Punkt der Norm besteht in der Beschreibung bzw. Aufstellung von Forderungen an einen Risikomanagementprozess mit fest darin verankerten Bausteinen. Diese Prozessbausteine sind:

▶ Festlegen des Kontexts (Geltungsbereich etc.),
▶ Risikoidentifikation,
▶ Risikoanalyse,
▶ Risikobewertung,
▶ Risikocontrolling,
▶ Risikokommunikation und -beratung.

Die Abstimmung und inhaltliche Durchführung dieser einzelnen Prozessbausteine bildet das Gerüst des Risikomanagementsystems. Ob der Prozess angemessen für das Unternehmen passt, ist in einem Review zu überprüfen. Wie bei der Anwendung des IDW-Standards müssen neben den dafür eingesetzten Instrumenten und Methoden auch die Organisationsformen einschließlich Personal abgestimmt sein, um den Prozess effizient praktizieren zu können.

Im Vergleich zum IDW-Prüfstandard erscheint diese Norm insofern als interessant, als sie die bisherige Affinität des Risikomanagements zu Wirtschaftsprüfern neutralisiert. Die Anwendung der Norm kann zwar durch das KonTraG, Basel II, dem Sarbanes-Oxley Act oder sonstigen gesetzlichen Belangen begründet sein, sie bezieht sich aber grundlegend auf die generelle Betrachtung der Risiken im Unternehmen und deren Umgang damit. Somit fokussiert sie auf eine aktive und präventive Unternehmensführung.

Eine elegante Begleiterscheinung bei der Anwendung der Norm ist die neuerdings mögliche Zertifizierung, nicht nur im australischen und asiatischen Raum, sondern inzwischen auch in Deutschland.

Zur Erfüllung von KonTraG:
Als Überwachungssystem Anwendung eines Risikomanagementsystems
Anerkannt als Orientierungshilfe: IDW PS 340*

– Festlegung der Risikofelder, die zu bestandsgefährdenden Entwicklungen führen können
– Zuordnung von Verantwortlichkeiten und Aufgaben
– Einrichtung eines Überwachungssystems
– Dokumentation der getroffenen Maßnahmen

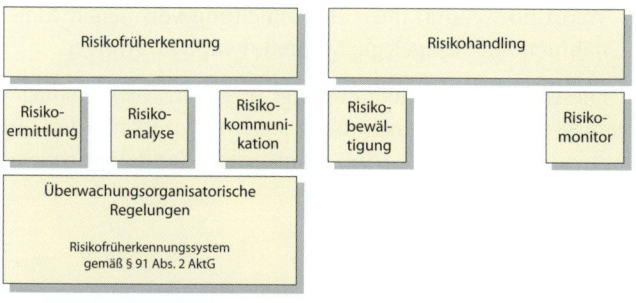

* Institut der Wirtschaftsprüfer Deutschland e. V .; Prüfstandard 340

Bild 3: *IDW-Standard*

Die Anforderung an alle Risikomanagementsysteme besteht in der Angemessenheit der Systematik und Struktur im Umgang mit Risiken. Unabhängig davon, für welche Standards sich der Anwender entscheidet, allen gemein ist das PDCA-Prinzip:

▶ **P** steht für Planen (engl. **p**lan) und bedeutet:
Unternehmerisches Handeln sollte geplant erfolgen (z.B. durch Setzen von Zielen, Geltungsbereich festlegen, Projektplänen etc.).
▶ **D** steht für Tun (engl. **d**o) und bedeutet:
Ein systematisches Umsetzen der geplanten Vorgaben (Risiken ermitteln, analysieren, bewerten, Gegenmaßnahmen einleiten).
▶ **C** steht für Überprüfen (engl. **c**heck) und bedeutet:
Regelmäßiges Überprüfen des Umgesetzten. Dabei ist z.B. festzustellen (über Controllingsysteme, Reviews etc.), ob die Gegenmaßnahmen in zufrieden stellender Weise realisiert wurden, wirksam sind und ob die Umsetzungen noch zu den aktuellen Gegebenheiten passen.
▶ **A** steht für Handeln (engl. **a**ction) und bedeutet:
Wenn notwendig, muss die Einleitung von neuen Maßnahmen über festgelegte Maßnahmenpläne erfolgen.

Dieser PDCA-Zyklus unterliegt in einem Risikomanagementsystem einem ständig ablaufenden Prozess mit den fest definierten Bausteinen, die im nächsten Kapitel eingehend erläutert werden.

2 Die Bausteine des Risikomanagements

Unabhängig davon, welche Standards zugrunde liegen, im Prinzip sind immer die in Bild 4 gezeigten Abschnitte bzw. Phasen systematisch und sukzessive durchzuführen.

2.1 Wo können Risiken entstehen?

WORUM GEHT ES?

Will ein Unternehmen ein Risikomanagement systematisch implementieren, stellt sich zunächst die Frage, in welchem Umfeld bzw. bei welchen möglichen Unternehmensaspekten es Risiken zu betrachten hat. Sollte das Unternehmen nur die finanziellen Risiken analysieren oder auch auf sämtliche operativen Gefahrenquellen eingehen? Da Res-

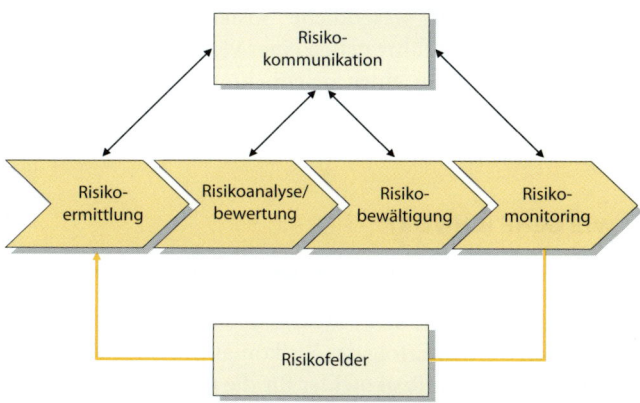

Bild 4: *Bausteine eines Risikomanagementsystems*

triktionen (wie Ressourcen und zeitlicher Aufwand) in diesem Zusammenhang eine wesentliche Rolle spielen, ist eine Eingrenzung und Priorisierung der zu betrachtenden Risikofelder sinnvoll. Dieses Kapitel zeigt eine Auswahl von möglichen Risikoquellen und gibt eine Anleitung für die Priorisierung, in welchen möglichen Risikofeldern ein Unternehmen eine systematische Risikoanalyse sinnvoll durchzuführen hat.

WAS BRINGT ES?

Selbstverständlich bergen sämtliche Vorgänge in einem Unternehmen Risikoquellen. Ein falsches finanzielles Handling (z. B. durch zu waghalsige Spekulationen im Wertpapierbereich) kann ebenso zu Desastern führen wie ein Nichtbeachten von Defiziten im Tagesgeschäft (z. B. fehlende Datensicherung elementarer Daten im IT-Bereich). Da aber eine vollständige Risikoanalyse aller Unternehmensbereiche mit einem enormen Aufwand verbunden ist, erscheint eine Einschränkung auf wesentliche Risikofelder notwendig. Diese Fokussierung führt neben einer vernünftigen Ressourcenzuteilung auch zu einer zielgerichteten und schnelleren Behandlung der Risiken und damit zu einer schnelleren Gefahrenreduktion.

WIE GEHE ICH VOR?

2.1.1. Mögliche Risikoquellen bewusst wahrnehmen

Die Identifikation der entscheidenden Risikofelder ist maßgeblich für den Erfolg des Risikomanagementsystems.

Um die zentralen Risikofelder für die genaue Analyse festzulegen, ist der Gesamtkontext, in dem sich ein Unternehmen befindet, zu betrachten. Beispielsweise spielt die unterbrechungssichere Energieversorgung (Strom, Dampf etc.) für ein Chemieunternehmen mit Störfallanlagen eine wesentlich bedeutendere Rolle als für ein Fuhrunternehmen.

Um im Groben abschätzen zu können (ohne vorweg eine komplexe Risikoanalyse zu starten), in welchen Bereichen sich wesentliche Risikopotenziale verstecken und in welchen Risikofeldern danach analysiert werden sollte, reicht oftmals ein bewusstes Wahrnehmen möglicher Risikoquellen aus. Hilfreich für diese Wahrnehmung ist die Beachtung folgender Unternehmensaspekte:

Aspekte für die Auswahl der Risikofelder
- Interessengruppen der Organisation
- Rechtliches, politisches, soziales, kulturelles Umfeld
- Naturereignisse
- Strategische Positionierung der Organisation
- Markt, Kunde und Wettbewerb
- Mitarbeiter einschließlich Führungskräften
- Finanzen
- Management
- Technologie, Technik, Infrastruktur
- Operative Faktoren der Geschäftsprozesse

2.1.2 Risikofelder bilden

Nach Berücksichtigung des Gesamtkontextes, in dem sich ein Unternehmen befindet, erfolgt die Aufstellung der Risikofelder. Grundsätzlich existieren zwei mögliche Vorgehensweisen für dieses Prinzip. Die erste Möglichkeit bildet das Unternehmensumfeld und die daraus resultierenden Risikofelder ohne jegliche Vergleiche mit bestehenden Modellen ab. Die zweite Möglichkeit orientiert sich an bereits bestehenden

Vorschlägen aus der Praxis. Die Bilder 5 und 6 verdeutlichen anhand von zwei Beispielen, wie eine Einteilung möglicher Risikofaktoren in der Praxis aussehen kann.

Die Bilder 5 und 6 zeigen eine Risikoübersicht, die ein Produktionsunternehmen für eine umfassende Betrachtung von Risiken verwendet.

Umfeld	Unternehmen	Markt
Politik	Finanzen	Marketing
Gesellschaft	Prozesse	Branche
Gesetze	Personal	Kunde
Natur	Management	Wettbewerb
		Produkt/Leistung

Bild 5: *Risikofelder eines Unternehmens*

Unternehmen

Finanzen
Finanzkennzahlen
Controlling

Prozesse
Beschaffung (Markt, Prozess)
Innovation/Entwicklung
Auftragsabwicklung
Customer Service
Instandhaltungsmanagement
EDV
Projektmanagement
Spionage/Sabotage
Entsorgung

Personal
Personalstruktur
Entwicklung, Beschaffung, Qualifizierung
Schlüsselpersonal
Erfahrung, Know-how

Management
Gesellschafter, Share-, Stakeholder
Führung
Ziele und Strategie
Organisation, Managementsysteme

Bild 6: *Risikoteilfelder des Risikofelds Unternehmen(Beispiel)*

Bild 7 zeigt die Abschnitte der Risikofelder einer Risikobetrachtung aus Sicht einer Bank ohne den finanziellen Fragekomplex. Je nach Ausrichtung unterliegen die Felder einer unterschiedlichen Gewichtung und Systematik. Grundsätzlich ist vorab zu klären, aus wessen Blickwinkel die Risikobetrachtung erfolgen soll. Eine Bank wird hier andere Prioritäten setzen als das Unternehmen selbst.

Einige Unternehmen greifen auf das Excellence Modell der EFQM als Referenz zur Festlegung von Risikofeldern zurück (Bild 8). Das Excellence-Modell bietet einen umfassenden Katalog von erfolgsrelevanten Ansatzpunkten für Organisationen mit dem Ziel, einen nachhaltigen Unternehmenserfolg zu gewährleisten. Das Modell unterteilt die erfolgsrelevanten Kriterien in Ergebnisse und Befähiger. Die Befähigerkriterien beziehen sich auf Methoden und Vorgehensweisen. Die Ergebniskriterien bieten umfangreiche Ansatzpunkte zur Identifikation erfolgsrelevanter Messgrößen in den Bereichen Kunden, Mitarbeiter, Gesellschaft und Schlüsselergebnisse (Finanz- und Prozessergebnisse).

Das Fehlen dieser Ansatzpunkte oder eine mangelnde Umsetzung kann im Umkehrschluss ein Risiko für den Unternehmenserfolg darstellen.

2.1.3 Extern und intern getriebene Risiken

Es bieten sich verschiedene Ansätze zur Festlegung von Risikofeldern an. Viele Modelle verwenden eine Einteilung in zwei Bereiche. Sie unterscheiden zwischen extern und intern getriebenen Risiken. Anhand von Finanzrisiken lässt sich der Unterschied gut erläutern. Extern getriebenes Finanzrisiko entsteht durch Einflüsse, die das Unternehmen selbst nicht beeinflussen kann. Sich verändernde Wechselkurse, Zinssät-

1	**Physischer Verlust oder Beschädigung**
1.1	Physischer Verlust oder Beschädigung von Aktiva
1.2	Ausfall der Nutzungsmöglichkeit von Aktiva
2	**Technologie**
2.1	Schlechte Datenintegrität
2.2	Nichtverfügbarkeit der Systeme
2.3	Unangemessene Auswahl und Entwicklung der Systeme
3	**Personal**
3.1	Unzulänglichkeit beim Schutz des Personals
3.2	Unfähigkeit zum Recruitment von Personal
3.3	Unfähigkeit, Personal zu halten
3.4	Unzulänglichkeit bei der Personalentwicklung
3.5	Unfähigkeit beim Personalmanagement
4	**Externe Effekte**
4.1	Unzulänglichkeit bei der Identifikation von Änderungen
4.2	Unzulänglichkeit bei der Analyse von Auswirkungen der Änderungen
5	**Managementprozesse**
5.1	Unangemessenes Prozessdesign
5.2	Prozessineffizienzen
5.3	Unangemessenes Management der Prozesse
6	**Transaktionsverarbeitung und Geschäftsprozesse**
6.1	Unangemessene Gestaltung der Prozesse
6.2	Prozessineffizienzen
6.3	Ungenügendes Management der Prozesse
7	**Betrug und Diebstahl**
7.1	Nicht-IT-bezogener Betrug
7.2	IT-bezogener Betrug
7.3	Diebstahl
8	**Unautorisierte Handlungen**
8.1	Missachtung oder Verletzung interner Weisungen
8.2	Missachtung oder Verletzung externer Weisungen
9	**Verkaufspraktiken**
9.1	Änderungen im Umfeld
9.2	Reaktion auf Änderungen im Umfeld
9.3	Interpretation und Anwendung von Weisungen und Standards

Bild 7: *Risikofelder eines Ratingfragebogens*

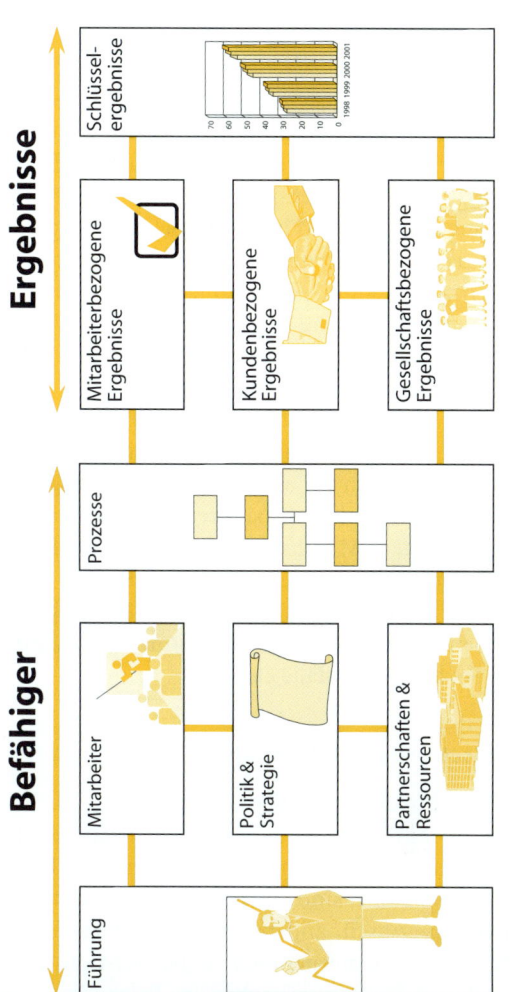

Bild 8: *Excellence Modell der EFQM*

ze, neue gesetzliche Anforderungen gehören zu diesen Risiken.

Auf der anderen Seite entstehen finanzielle Risiken ebenso innerhalb des Unternehmens. Liquiditätsvorsorge, Kontrolle im Rechnungswesen, Vereinbarung von Zahlungsbedingungen sind durch das Unternehmen selbst zu beeinflussen. Diese Einteilung in extern und intern getriebene Risiken impliziert nicht, dass das Unternehmen extern getriebene Risiken nicht verringern kann. Z.B. kann das Unternehmen Maßnahmen zur Absicherung gegen schwankende Wechselkurse einleiten oder sich rechtzeitig über eine sich verändernde Gesetzeslage informieren und vorsorgen.

Neben extern und intern getriebenen Risiken lassen sich strategische und operative Risiken unterscheiden. Strategische Risiken beziehen sich vor allem auf Entscheidungen des Managements, diese wiederum basieren auf der Einschätzung der zukünftigen Marktentwicklung, der Kostenentwicklung, des Personalbedarfs etc. Operative Risiken hingegen beziehen sich auf Risiken, die sich aus der „täglichen Arbeit" ergeben. Hierzu zählen Produktionsausfälle, Rückrufaktionen, Forderungsausfälle etc.

2.1.4 Typische Risikofeldinhalte

Welcher Weg für die Identifikation der Risiken auch gewählt wurde, es sollten am Ende verschiedene Risikofelder stehen, die systematisch und umfassend potenzielle Risikobereiche abdecken. Dabei sind einige Risikofelder unternehmens-/branchenspezifisch, andere wiederum typische Risikofelder, die für alle Unternehmen in Betracht zu ziehen sind. Zum näheren Verständnis sollen im Folgenden einige typische Risikobereiche beispielhaft betrachtet werden.

Finanzrisiken

In den meisten Risikomanagementfragebögen ist der Löwenanteil an Fragen und zu bewertenden Risikofeldern dem Bereich Finanzrisiken zuzuordnen. Dies liegt zum einen daran, dass eine Betrachtung aus dem Blickwinkel der Kapitalgeber viele mögliche Risikoquellen ergibt. Zum anderen dient Geld als Wertmaßstab für viele Risiken. Risiken sind in ihrem Gefahrenpotenzial oft besser einzustufen, wenn sie in Euro und Cent dargestellt werden.

Finanzrisiken lassen sich zunächst in direkte Finanzrisiken (z. B. Zins- oder Währungsrisiko) sowie indirekte Finanzrisiken (z. B. Länderrisiken) unterteilen.

Die direkten Finanzrisiken entstehen unmittelbar aus Finanztransaktionen am Markt mit ihren bekannt wechselhaften Börsen- und Wechselkursen, Zinssätzen etc. Sie wirken sich direkt auf die Finanzen des Unternehmens aus. Bei Anlagen oder Krediten in Auslandswährungen sind neben den Zinsänderungsrisiken auf dem Geldmarkt unter Umständen auch Währungsrisiken zu berücksichtigen. Dieses Währungsrisiko ist auch dann ins Kalkül zu ziehen, wenn ein Unternehmen aufgrund ausländischer Niederlassungen oder Produktionsstandorte Bilanzpositionen in Fremdwährungen aufweist.

Als Beispiele für indirekte Finanzrisiken dienen das Rechtsrisiko und das Länderrisiko. Rechtsrisiken entstehen vor allem durch Fehler oder Mängel in Verträgen, die zu finanziellen Verlusten führen. Hier sind zur Absicherung folgende Fragen klar zu beantworten:

▶ Sind alle Verträge korrekt dokumentiert?
▶ Sind alle länderspezifischen gesetzlichen Eigenheiten berücksichtigt?
▶ Sind sie einklagbar (besonders wichtig bei Verträgen mit ausländischen Partnern)?
▶ Besitzen die Vertragsparteien (auf beiden Seiten!) die erforderliche Kompetenz und Vertragsfähigkeit?

Länderrisiken ergeben sich aus der spezifischen Rechtslage eines Landes und aus der wirtschaftlichen und politischen Situation. Eine Hilfe zur Einschätzung bieten hier Länderratings, die internationale Ratingagenturen, Handelskammern oder auch Banken Interessenten zur Verfügung stellen.

Die Bewertung der meisten finanztechnischen Risiken erfolgt anhand von harten Zahlen, Daten, Fakten und zwar in Form von Kennzahlen und deren Entwicklung. Insbesondere die Unternehmensanalysen der Kreditinstitute (z. B. unter Zuhilfenahme von Ratingfragebögen) konzentrieren sich im Schwerpunkt auf die Analyse von finanzfokussierten Zahlen. Die Einbindung der Kennzahlen, auf die externe Interessenpartner (Banken, Anleger, Gesellschafter etc.) Wert legen, erscheint daher im Rahmen der Risikoanalyse eines Unternehmens unerlässlich. Grundsätzlich ist dabei auf eine geeignete Auswahl der Kennzahlen zu achten, die Aussagen über die gesamte Finanzsituation des Unternehmens zulassen.

Die Finanzsituation eines Unternehmens beschreibt:

- Die finanzielle Stabilität (z. B. Liquidität)
- Die finanzielle Profitabilität (z. B. Eigenkapitalrentabilität)
- Die finanzielle Potenz (z. B. Umsatzentwicklung)

Diese drei übergeordneten Finanzbereiche eines Unternehmens sind mit Hilfe entsprechender Kennzahlen zu analysieren. Folgende Beispiele können dafür herangezogen werden:

▶ Entwicklung der Gesamtleistung (= Umsatzentwicklung +/– Bestandsveränderung + andere aktivierte Eigenleistungen),
▶ Umsatzentwicklung im Branchenvergleich,
▶ Gesamtkostenstruktur,
▶ Eigenkapitalquote,
▶ Materialaufwandsquote (= Materialaufwand : Gesamtleistung · 100),
▶ Personalaufwandsquote (= Personalaufwand : Gesamtleistung · 100),
▶ Branchenvergleich Gesamtkosten,
▶ Jahresüberschuss und Ergebnis vor Zinsen und Steuern (= Gesamtleistung + sonstige betriebliche Erträge – Materialaufwand – Gesamtkosten) in den letzten fünf Jahren,
▶ Eigenkapitalrentabilität (= Jahresüberschuss : Eigenkapital · 100),
▶ Gesamtkapitalrentabilität (= Jahresüberschuss + Zinsaufwand : Gesamtkapital · 100) in den letzten fünf Jahren,
▶ Cashflow,
▶ Planzahlen für zukünftigen Cashflow,
▶ Überwachung Liquidität ersten und zweiten Grades.

Obwohl die Ermittlung und Darstellung vieler Kennzahlen im Finanzbereich aus gesetzlicher Sicht (z. B. Bilanz, GuV und andere Instrumente) bereits vorgeschrieben ist, bestehen im Vergleich zu der Analyse und Bewertung dieser Indikatoren im Rahmen des Risikomanagements deutliche Unterschiede. Dabei kommt es nicht auf die Fülle der Kennzahlen an, entscheidend ist vielmehr die Möglichkeit zur Risikoidentifikation anhand einiger weniger, aber aussagekräftiger Kennzahlen. Als Orientierungshilfe hierfür dienen die für ein Unternehmen zutreffenden Ratingfragebögen bzw. die von der Bank priorisierten (und von dort erfragten) Kennzahlen, welche in das Risikomanagementsystem eingebaut werden können.

Managementrisiken

Managementrisiken umfassen Risiken, die durch Fehleinschätzungen der Geschäftsführung oder der Unternehmensleitung entstehen. Auch das Fehlen von Instrumentarien zur Überwachung und Steuerung der Unternehmensprozesse kann sich als problematisch erweisen. Mangelnde Delegation von Aufgaben und Befugnissen führt ebenfalls häufig zu einem verstärkten Risiko für das Unternehmen. Weitere Managementrisiken sind in den folgenden Punkten auszugsweise dargestellt:

▶ Strategien beruhen nicht auf Bedürfnissen und Erwartungen von Markt, Kunden, Mitarbeitern, Lieferanten, Partnern, Gesellschaftern, Aktionären.
▶ Strategien vernachlässigen Wettbewerberumfeld.
▶ Strategien lassen Technologien, gesellschaftliche, soziale Trends, wirtschaftliche/demografische Indikatoren, Gesetze außer Acht.

▶ Alternativpläne, Notfallpläne sind nicht in den Strategien beinhaltet.

▶ Es findet keine Kaskadierung der Strategien und strategische Ziele in das operative Geschäft statt (z. B. über Zielmanagementprozesse gemäß Management-by-objectives oder Management-by-policy).

▶ Verantwortlichkeiten, Pflichten und Befugnissen sind nicht eindeutig festgelegt.

▶ Unzureichende Reaktionen auf Planungsabweichungen.

▶ Fehlende Kostenrechnung zur Steuerung.

Versicherungstechnische Risiken

Versicherungstechnische Risiken können in den verschiedensten Bereichen entstehen. Mit dem Abschluss einer Versicherung ist das Risiko noch nicht komplett ausgeschlossen, lediglich die Folgen des Eintretens des Schadensfalles werden dadurch gemindert. In diesem Zusammenhang muss man sich als Unternehmen die Frage stellen, ob Versicherungen in ausreichender Anzahl und Höhe vorhanden sind. Möglicherweise ist eine Versicherung nicht immer die beste Lösung, um das jeweilige Risiko zu managen.

In der folgenden Aufstellung finden Sie einige Beispiele für typische Risikoteilfelder im Zusammenhang mit Versicherungsrisiken, die durch eintretende Naturereignisse in Anspruch genommen werden können:

▶ Feuer, Brand, Explosion (innerhalb des Unternehmens),

▶ Feuer (Waldbrände …), Hitze (Austrocknung der Ernte),

▶ Hochwasser, Überschwemmung (Meer, Seen, Flüsse, Regen, Dammbruch …),

▶ Orkane, Stürme, Hagel,

▶ Erdbeben (tektonisch, durch unterirdischen Abbau), Erdrutsch.

Viele Unternehmen in den so genannten gemäßigten Zonen (Deutschland, Frankreich …) beachten die möglichen Gefahren aufgrund von Naturereignissen oftmals zu phlegmatisch. Dabei hat gerade die jüngere Vergangenheit gezeigt, dass z. B. das Hochwasser eklatante Risiken für die betroffenen Unternehmen zur Folge hat. Ob hierfür Versicherungen ausreichen oder das eigentliche Risiko ein fehlender Versicherungsschutz ist, weil Versicherungen diesen kategorisch ablehnen, muss die weitere Risikoanalyse und -bewertung ergeben.

Neben den externen Gewalten, können versicherungstechnische Risiken auch aus den unternehmensspezifischen Gegebenheiten heraus entstehen. Folgende Beispiele verdeutlichen mögliche Gefahrenquellen, die aufgrund fehlender oder unzureichender Versicherungsleistungen auftreten:

▶ betriebliche Haftungsfragen (Haftpflichtthemen),
▶ Betriebsunterbrechungen, Forderungsausfälle,
▶ Rechtsstreitigkeiten im Arbeitsrecht etc.,
▶ Rückrufaktionen, Lieferverzug,
▶ Produkthaftung.

Funktionale Risiken

Funktionale Risiken können vom Begriff her mit operativen Risiken gleichgesetzt werden. Funktionale Risiken entstehen vor allem in der Umsetzung der Unternehmensprozesse im Tagesgeschäft. Sie können beispielsweise aus Risiken in der Beschaffung von Gütern (z. B. Ausfall eines wichtigen Lieferanten), dem Vertrieb von Waren und Dienstleistungen, der Herstellung, der Anlageninstandhaltung sowie allen weiteren Unternehmensprozessen entstehen. Die folgende Aufzählung zeigt einige typische Risikothemen:

- ▶ unregelmäßiges Sondieren des Beschaffungsmarktes: Gefahr der Sicherung der erforderlichen Verfügbarkeit der Hauptzulieferer und Dienstleistungsanbieter (wirtschaftliche Lage von – mindestens – strategischen Lieferanten wird nicht untersucht und nicht überprüft im Hinblick auf Konkurs, Qualität, Menge);
- ▶ Festlegung von Eigenleistung/Fremdleistung (make-or-buy) (z.B. Gefahr, Know-how bei Fremdbezug nach außen zu geben);
- ▶ kein Verfahren der regelmäßigen Lieferantenbewertung (Art, Umfang, Häufigkeit, Kriterien – Risikoparameter);
- ▶ unzureichende Verifizierung von beschafften Produkten/Leistungen (fehlende Wareneingangsprüfungen führen zu unvorhersehbaren nicht verbaubaren Teilen und damit zum Produktionsausfall etc.);
- ▶ kein systematisches Festlegen geeigneter Transportwege, Transportmittel (oder Verpackungen, z.B. unzureichende Verpackung auf dem Seeweg);
- ▶ kein Identifikationsprozess hinsichtlich kundenspezifischer Änderungen und zukünftiger Kundenbedürfnisse;
- ▶ unzureichendes System zur Optimierung des Verbrauchs an Versorgungsgütern;
- ▶ ungenügende Schutz- und Sicherheitsmaßnahmen und -vorkehrungen am Arbeitsplatz;
- ▶ kein System für die Aufrechterhaltung von Infrastruktureinrichtungen (Gebäude, Anlagen, Einrichtungen, Werkzeuge inkl. Hardware und Software) und damit ein unkalkulierbarer Ausfall von Maschinen;

▶ unzureichende EDV-Eskalations- und EDV-Notfallprogramme (z.B. bei Diebstahl, Brand, Absturz etc.);
▶ fehlendes Projektmanagement.

Umweltrisiken

Zu den Umweltrisiken zählen Risiken, die vor allem infolge der eigenen Leistungserbringung des Unternehmens auftreten. Sie entstehen durch das Betreiben von Anlagen, das Inverkehrbringen von Stoffen oder durch anderweitige Gefährdungen. Interne Ursachen (Störungen, Notfälle etc.) oder externe Ursachen (z.B. Auswirkungen auf die Umwelt durch Havarien aufgrund von Naturereignissen) sind verantwortlich für das Auftreten von Umweltrisiken.

Aber auch nationale oder internationale Gesetzesänderungen können große Auswirkungen auf das Unternehmen haben. Ein Beispiel dafür ist die derzeitig anstehende europäische Gesetzesänderung im Chemikalienrecht (Weißbuch, REACH), die bei fehlender Vorbereitung in einem chemischen Mittelstandsbetrieb bis zur Existenzbedrohung führen kann.

Die folgende Auflistung zeigt beispielhaft typische Risikoaspekte im Risikofeld Umwelt:

▶ Risikostandort bei ausgewiesenen Schutzgebieten (Wasser-, Luft- …),
▶ Emissionsgefahren durch umweltrelevante Anlagen (Störfallanlagen etc.) und fehlende Controllingverfahren für umweltrelevante Schädigungen durch Anlagen,
▶ falsches Handling von Gefahrstoffen,
▶ Wassergefährdung durch falsches Handling von wassergefährdenden Stoffen,

▶ Zu-, Abwasser (Überschwemmung durch beschädigte Rückhaltevorrichtungen, Rohrbruch, Schadstofffrachten),
▶ Bodenverunreinigungen,
▶ unzureichender Umgang mit Abfällen (falsche Entsorgung führt zu Imageschäden und Strafzahlungen),
▶ Tiere (z. B. Ernteverlust durch Ungeziefer),
▶ aktuelle, relevante gesetzliche Forderungen und sonstige Regulative sind unbekannt oder werden falsch interpretiert.

2.5.1 Vorpriorisierung von Risikofeldern

Die umfassenden Risikostandardkataloge, die im Bereich des Risikomanagements Verwendung finden, enthalten eine große Auswahl von möglichen Risikobereichen. Nicht alle Risikofelder sind für alle Unternehmen relevant. Befindet sich der Standort eines Unternehmens z. B. nicht an einem Fluss, in einem Hurrikangebiet oder an einem Vulkan, sind entsprechende Naturkatastrophen von vornherein auszuschließen. Eine detaillierte Betrachtung und damit ein hoher Arbeitsaufwand erübrigen sich.

Vorpriorisierung von Risikofeldern

Standardrisikokataloge bieten häufig einen umfassenden Katalog aller möglichen Risikofelder, nicht alle sind für das Unternehmen im gleichen Maße zutreffend. Priorisieren Sie deswegen im Vorfeld die wesentlichen Risikofelder, um unnötige Detailarbeit zu vermeiden.

2.2   Identifikation: Wie ermittle ich Risiken?

WORUM GEHT ES?

Nach der Festlegung der relevanten Risikofelder erfolgt nun die Identifikation der möglichen Risiken. In einem ersten Schritt muss die Festlegung der methodischen Vorgehensweise erfolgen. So muss beispielsweise geklärt werden, ob ein Einzelner oder eine Gruppe die Risiken identifiziert. Weiterhin ist die Entscheidung zu fällen, ob dies in Form eines Workshops oder mit Hilfe von Checklisten oder einer Kombination dieser Vorgehensweisen geschehen soll. Zu beachten ist, dass es in dieser Phase nicht um die Bewertung der Risiken geht. Die Risiken sind zu identifizieren, ohne dabei bereits Gedanken über deren Eliminierung anzustellen. Diese Schritte sind strikt zu trennen, da durch den drohenden „Eliminierungsaufwand" die Risiken häufig kleingeredet werden. Andernfalls wäre eine objektive Betrachtung stark beeinträchtigt.

WAS BRINGT ES?

Viele Unternehmen verzetteln sich bei der Identifikation von Risiken im Detail. Frustriert brechen sie das Thema Risikomanagement ab. Die Ressourcen, die bei der Identifikation von Risiken gebunden werden, übersteigen den zu erwartenden Nutzen. Deshalb sind die Fokussierung auf die Identifikation ohne Beimischung von anderen Risikomanagementelementen (Bewertung, Behandlung etc. von Risiken) und die Wahl der geeigneten Methoden bzw. Technik für ein Unternehmen entscheidend. Das Nutzen bereits vorhandener Tools für die Risikoermittlung sollte dabei im Vordergrund der Überlegungen stehen.

WIE GEHE ICH VOR?

Folgende Schlüsselfragen sind bei der Risikoidentifikation sehr hilfreich.

Schlüsselfragen der Risikoidentifikation

Zu klären ist z. B.:
- Wann, wo, warum, wie tritt das Risiko auf?
- Wer ist beteiligt?
- Was ist die Risikoquelle?
- Welche Kontrollmaßnahmen existieren zurzeit?
- Wie sind die internen und externen Verantwortlichkeiten geregelt?
- Besteht Bedarf, bestimmte Risiken genauer zu untersuchen?
- Welchen Umfang haben diese Untersuchungen und welche Ressourcen sind dazu nötig?
- Wie zuverlässig ist die erhaltene Information?
- Was erwarten die Interessengruppen vom Unternehmen?

Es stellt sich weiterhin die Frage, welche Methoden und Werkzeuge sich für die Risikoidentifikation eignen. In erster Linie wird sich die Wahl nach den spezifischen Risiken des Unternehmens und der Branche richten.

2.2.1 Qualitative und quantitative Risikoermittlung

Es lassen sich zwei grundsätzliche Frühwarnsysteme zur Identifikation von Risiken unterscheiden. Dem Unternehmen steht zum einen eine qualitative, zum anderen eine quantitative bzw. stärker operationalisierte Ermittlung zur Wahl. Letztere unterscheidet sich im Wesentlichen von der ersten durch die Verwendung von Zahlen, Daten, Fakten als ausschließliche Basis.

Jede Risikoermittlung steht vor dem Dilemma, dass häufig nicht genügend Informationen in Form von Zahlen oder anderen Daten bereitstehen, um eine fundierte Einschätzung des Risikos treffen zu können. Eine quantitative Einschätzung erscheint daher in vielen Fällen sehr problematisch. Da meist eine Einschätzung aus Erfahrungswerten bereits ausreicht, um Gefahrenpotenziale zu erkennen und ihnen vorzubeugen, erweisen sich qualitative Frühwarnsysteme als wesentlich praktikablere Methoden. Diese finden vornehmlich im strategischen Unternehmensbereich Anwendung und beruhen auf:

▶ Vermutungen,
▶ Prognosen,
▶ kurzfristigen Erwartungen,
▶ Trends und Entwicklungen,
▶ bereits erfolgten Ereignissen.

An dieser Stelle könnte nun der qualitativen Methodik Kaffeesatzleserei vorgeworfen werden. Sicher besteht in der Ermittlung eines Risikos aufgrund von Vermutungen und Prognosen ein erhöhtes Maß an möglichen Fehleinschätzungen und damit einer fehlerhaften Identifikation. Deswegen ist es unabdingbar, einige entscheidende Grundsätze bei dieser Form der Ermittlungsmethodik zu beachten.

Qualitative Ermittlung von Risiken

• Ermitteln Sie Risiken in einer Gruppe, um die Meinung Einzelner zu objektivieren.
• Beziehen Sie Externe in die Risikoermittlung mit ein. Sie vermeiden Betriebsblindheit.
• Finden Sie heraus, ob Ihnen objektive Datenquellen zur Verfügung stehen, bevor Sie sich auf eine Vermutung stützen.

- Schätzen Sie die Zuverlässigkeit von Prognosen vor ihrer Verwendung zur Risikoermittlung ab. (Ist die Prognose von einer Interessengruppe beeinflusst?)

Man mag sich nun die Frage stellen, warum überhaupt eine qualitative Ermittlung von Risiken vorgenommen wird. Die Antwort lautet: Die Kosten für das Sammeln des notwendigen Datenmaterials, wie es für eine quantitative Einschätzung notwendig ist, übersteigen den zu erwartenden Nutzen. Würden Sie ein Gutachten zur Bevölkerungsentwicklung in einer Stadt in Auftrag geben, wenn Sie dort eine Eisdiele eröffnen wollen, oder würden Sie dies mit ein paar Insidern abschätzen? Darüber hinaus sind viele Zusammenhänge sehr komplex und bedürfen einer Diskussion in einer Gruppe.

Viele Unternehmen wenden bereits qualitative Ermittlungsmethoden an und betreiben damit bereits bewusst oder unbewusst Risikomanagement. Dies kann z. B. im Rahmen eines Strategieworkshops oder Managementreviews erfolgen, in dem Risikoeinschätzungen zu bestimmten Themen erfolgen. Häufig werden qualitative Frühwarnsysteme allerdings nicht bewusst visualisiert bzw. ermittelt und verfolgt.

Da wichtige Entscheidungen in einem Unternehmen auf Zahlen, Daten und Fakten beruhen sollten, müssen Unternehmen gegebenenfalls neue Datenquellen entwickeln. Dies gilt auch für die Einschätzungen im Risikomanagement. Diese Datenquellen sind die Grundlage für ein Frühwarnsystem, das auf operativer Ebene und konkret auf Zahlen basiert.

Es stellt sich nun die Frage, worauf dieses operationalisierte Frühwarnsystem basiert. Folgende Kriterien sollten es auszeichnen:

▶ Identifikation des Beobachtungsbereichs,
▶ Festlegung von Indikatoren (Kennzahlen),
▶ Festlegung von Soll-Werten und Toleranzgrenzen,
▶ Benennung von Verantwortlichen,
▶ Kommunikation der genannten Punkte.

Eine mögliche Umsetzung dieser Kriterien verdeutlicht Bild 9.

Dieses Beispiel zeigt die Möglichkeiten zur Festlegung einer Art von Risikomonitoring. Im Kapitel 2.5 wird dieser Teil des Risikomanagements noch eingehender behandelt.

2.2.2 Methoden und Techniken zur Risikoermittlung

Viele Wege führen nach Rom. Dieses alte Sprichwort lässt sich auch auf die Ermittlung von Risiken übertragen. Es können viele verschiedene Techniken zur Ermittlung von Risiken angewendet werden. Welche im konkreten Fall zum Einsatz kommt, hängt von vielen Faktoren ab (siehe S. 41, „Schlüsselfragen der Risikoidentifikation"). Hinzu kommt der Aspekt der notwendigen Dokumentation. In einigen Branchen ist es erforderlich, für Teilbereiche eines gesamtheitlichen Risikomanagements eine vom Gesetz geforderte detaillierte Dokumentation der Risikoidentifikation nachzuweisen. Dies ist z. B. im Bereich der Herstellung von Medizinprodukten notwendig. In anderen Fällen, z. B. im Risikofeld „Arbeitssicherheit", sind Vorgaben bezüglich der Gefahrenanalyse für Mitarbeiter definiert.

Welche Methodik und Instrumente für die Risikoermittlung für ein Unternehmen angemessen erscheinen, hängt schließlich von den jeweiligen Erfordernissen ab. Dabei kann

Risikoart	Risiko-kurzbeschreibung	Schadenshöhe					Eintrittswahrscheinlichkeit						Schadenshöhe	Eintrittswahrscheinlichkeit	Risiko-prioritätszahl	Maßnahmen	verantwortlich	Termin	erledigt?
		Geringes Risiko	Mittleres Risiko	hohes Risiko	Katastrophe	Restrisiko	Schadenshöhe in Tausend €	Sehr unwahrscheinlich	Unwahrscheinlich	Möglich	Wahrscheinlich	Sehr wahrscheinlich							
Personal	Fehlende Absicherung von Know-how nach Abschluss von Schulungsmaßnahmen					x	37			x			2	3	6	Standardvorgehen bei Rückerstattung von Schulungskosten durch Ausscheidenden			
Markt	Abhängigkeit vom Kunden: Werkschutz wird aus der Verpflichtung herausgenommen		x				1.818			x			3	3	9	Verrechenbare Leistung anbieten			
Finanzen	Neue Wettbewerber, niedrigeres Preisniveau der Wettbewerber, Gefahr der Fremdvergabe von Werkschutzleistungen d. Kunden		x				1.900			x			3	3	9	Wettbewerbsvorteil Qualität/Chemie-Know-how Bekanntmachung des Leistungsspektrums Verzahnung mit Werkfeuerwehr (Sicherheitszentrale)			
Geschäfts-prozess	Unkontrollierter Zugang zum Störfallbetrieb möglich						10.000		x				5	2	10	Projekt „Planung Zentraltor West"; Versicherungsschutz überprüfen			
Finanzen	Umsatzrückgang aufgrund des Wegfalls der ADR-Kontrollen	x					75		x				2	2	4	Know-how für Kontrolle der Straßenfahrzeuge auf Kontrolle der Eisenbahnwaggons erweitern			

Risikoprioritätszahl
1–8
9–15
16–25

Einstufung
Geringe Risiken
Überwachungsbedürftige Risiken
Wesentliche Risiken

Bild 9: *Beispiel einer quantitativen Risikoermittlung*

der Einsatz verschiedener Techniken für unterschiedliche Risikofelder in einem Unternehmen durchaus geeignet sein. Dies trifft sowohl für die Instrumente als auch für deren Dokumentation zu. Auf strategischer Ebene bietet sich beispielsweise die SWOT-Analyse als adäquates Mittel zur Risikoidentifikation an, während im Produktbereich die klassische FMEA den Vorzug erhält.

In allen Fällen ist jedoch die Mindestforderung an die Dokumentation mit Angabe der Quellen, der Folgen und der Steuerungsprozesse einzuhalten. Der Aufwand bei der Dokumentation sollte dabei in einem vernünftigen Verhältnis zur Schwere des Risikos stehen.

Der folgende Abschnitt zeigt eine Auswahl von bewährten Techniken.

Techniken zur Risikoermittlung
- Checkliste
- FMEA
- SWOT-Analyse
- Risikoidentifikationsmatrix
- Delphi-Technik

Checklisten

Die Verwendung von Checklisten ist derzeit die wohl gängigste Vorgehensweise bei der Risikoermittlung. Checklisten erleichtern die Einhaltung einer systematischen Vorgehensweise. Sie beinhalten häufig ein großes Sammelsurium an möglichen Risikofeldern. Dies ist gleichzeitig sowohl ein Vorteil als auch ein Nachteil. Die Fülle der möglichen Risikofelder birgt die Gefahr in sich, dass das Bearbeiten der Checkliste sich sehr mühsam gestaltet.

Individuelle Checklisten

Passen Sie die Standardchecklisten, die zur Verfügung stehen, den individuellen Unternehmensbedürfnissen an. Sie schaffen sich somit ein Instrument, das wiederholt und ohne großen Zeitaufwand einsetzbar ist.

Viele Checklisten sind bereits branchenspezifisch angepasst. Sie erhalten z. B. bei der Gefährdungsanalyse im Bereich Arbeitssicherheit branchenspezifische Kataloge der jeweiligen Berufsgenossenschaften. Im Falle der Medizinproduktherstellung können aus relevanten Qualitätsmanagementsystemnormen Mindestinhalte abgleitet werden. Die Bilder 10 und 11 zeigen aus dem Umfeld eines Medizinproduktherstellers die Systematik eines Formulars zur Darlegung identifizierter Risiken sowie einen Auszug einer Checkliste möglicher Gefahren.

SWOT-Analyse

Die SWOT-Analyse ist ein Beispiel für eine qualitative Methode zur Identifikation von Risiken und ermöglicht die Analyse von Stärken (**S**trengths), Schwächen (**W**eaknesses), Chancen (**O**pportunities) und Risiken (**T**hreats). Ihr Einsatz-

Gefahr	Maßnahmen zur Beseitigung oder Verminderung der Gefahren	Erledigungsvermerk/ Schutzmaßnahmen	Hinweise an Betreiber/ Restgefahren/ Maßnahmen	Bemerkungen/ Hinweis auf detaillierte Informationen

Bild 10: *Formular für identifizierte Risiken*

Gefährdungen durch Energien und beitragende Faktoren
- Elektrizität
- Hitze
- mechanische Kräfte
- ...

Biologische Gefährdungen und beitragende Faktoren
- biologische Kontamination
- biologische Unverträglichkeit
- ...

Gefährdungen durch die Umwelt und beitragende Faktoren
- elektromagnetische Felder
- Empfindlichkeit gegen elektromagnetische Störfelder
- ...

Gefährdungen durch falsche Abgabe von Energie und Substanzen
- Volumen
- Druck
- ...

Gefährdungen im Zusammenhang mit der Anwendung des Medizinproduktes und beitragende Faktoren
- mangelhafte Kennzeichnung
- unzureichende Gebrauchsanweisungen
- unzureichende Spezifikationen von Zubehör, das mit dem Medizinprodukt anzuwenden ist
- unzureichende Spezifikation der Prüfungen vor der Anwendung
- ...

Ungeeignete, unzulängliche oder zu komplizierte Schnittstelle mit dem Anwender (Kommunikation zwischen Mensch und Maschine)
- ...

Gefährdungen infolge von Funktionsfehlern, falscher Wartung und Alterung und beitragende Faktoren
- ...

Bild 11: *Checkliste für Risiken im Medizinproduktebereich*

gebiet ist vor allem im Bereich der Strategieentwicklung zu sehen. Sie gilt als wertvolles Instrument, um Kapitalgebern kurz und übersichtlich die Lage des Unternehmens aus strategischer Sicht darzustellen und somit Investitionsvorhaben strategisch zu hinterlegen. Der Führungskreis des Unternehmens ermittelt dabei die Stärken und Schwächen des

Unternehmens zum aktuellen Zeitpunkt. Im Vorfeld sollten deswegen Analysen der Bilanz, zum Wettbewerber, zur Kundenzufriedenheit etc. erfolgen, so dass die Stärken und Schwächen nicht nur aus dem Bauch heraus festgelegt werden. Bei der Bestimmung von Chancen und Risiken stellen die Experten schließlich Überlegungen über die zukünftige Entwicklung des Unternehmens an. Dabei sollten vor allem zukünftige Marktentwicklungen Berücksichtigung finden.

Nach einer grafischen Darstellung der Stärken und Schwächen sowie Chancen und Risiken werden Maßnahmen zur Verminderung von Risiken oder zur Verbesserung der Chancen unter Beachtung der Unternehmensstärken und -schwächen abgeleitet.

Der Vorteil dieser Methode liegt in der schnellen und unkomplizierten Risikobetrachtung von wesentlichen Unternehmensbereichen. Sie veranschaulicht auch sehr gut das Einwirken von äußeren Einflüssen auf die Unternehmensstrategie. Als Nachteil erweist sich die sehr subjektive Identifikation und Betrachtung der Risiken. Deswegen ist bei der SWOT-Analyse ein objektives, externes Meinungsbild hilfreich und eine ausgewogene Datenbasis, die auf objektiven Zahlen (Analysen) beruht, unausweichlich. Bild 12 zeigt ein Beispiel für das Ergebnis dieser Betrachtung.

Risiko-Identifikations-Matrix (RIM)

Diese Methode basiert auf einer einfachen Technik. Sie bringt mögliche Risikoverursacher mit den Bereichen der Risikoauswirkung in Verbindung. Als mögliche Risikoverursacher kommen dabei alle Bereiche in Frage, von denen eine Gefahr ausgehen kann (z.B. Herstellungsmethoden, Menschen, Materialien). Bild 13 zeigt sowohl die Verursacher als

Stärken	Verbesserungsbereiche
Akquisitionstalent des GF „Ideentalent" des GF Flexibilität auf Anfragen durch flexiblen Personaleinsatz	Vertriebsstruktur Zu viele Lieferanten Falsche Einschätzung der Unter- nehmerpersönlichkeit Keine konkreten Zielvorgaben Unzureichende Layoutstruktur Kein Bestands-, Lagersystem
Chancen	**Risiken**
Kurzfristigkeit von Auftragsanfragen VIP-Bestuhlung Bundesliga (WM) Stadionbestuhlung Bundesliga (WM) Spielerbänke Bundesliga Strukturierte Abläufe durch „ISO-9000-Zwang"	Zunehmender Preisdruck durch Unternehmen aus Osteuropa Nachahmung von Produkten Absprachen großer Unternehmen (Kunden, Wettbewerber) Marktausschluss durch fehlende ISO-9000-Zertifizierung

Bild 12: *SWOT-Analyse eines Stuhlherstellers*

Risikoursachen

Produkt A	Mensch	Maschine	Herstellungs-methode	Material	Mitwelt	Organisation
Mensch	5	2	2	1	3	1
Kunde	8	8	1	1	5	5
Inhaber (Finanzen)	1	4	4	4	4	4
Umwelt	4	4	3	5	5	8
…						

(linke Achse: Risikoauswirkungen*)*

Zweidimensionale Betrachtung mit der Bewertung: 1–10
Handlungsnotwendigkeit ab > 6

Bild 13: *Risikoidentifikationsmatrix*

auch die Bereiche von Risikoauswirkungen auf. Von einer Auswirkung können letztendlich in einem Unternehmen viele verschiedene Personen bzw. Bereiche betroffen sein (z. B. Umwelt, Mitarbeiter, Kunden, Kapitalgeber).

Die Risikoidentifikationsmatrix stellt eine einfache und schnelle Methode zur Identifikation der wichtigsten Risiken in einem Unternehmen bzw. einer Abteilung dar. Sie bietet sich vor allem für einzelne Unternehmensprozesse an und ist als einfacher Einstieg in das Risikomanagement zu sehen. Wie bei allen qualitativen Methoden besteht auch bei der Risikoidentifikationsmatrix die Gefahr, dass aufgrund einer Art Brainstorming mögliche Risiken durch eine zu geringe Detailbetrachtung vernachlässigt werden.

Fehlermöglichkeits- und -einflussanalyse (FMEA)

Über die Methode der Fehlermöglichkeits- und Einflussanalyse wurden viele Fachbücher veröffentlicht. Sie stellt eine weit verbreitete Methode für das Risikomanagement von Produkten und Produktionsprozessen dar. Dabei werden die einzelnen Funktionen eines Produkts oder Teilschritte eines Herstellungsprozesses auf mögliche Risiken hin untersucht, die bei Nichterfüllung der Anforderungen an diese Funktion bzw. den Prozessschritt entstehen. In den meisten Fällen steht weniger das monetäre Risiko, als vielmehr die Auswirkung für den Kunden des Unternehmens im Mittelpunkt der Betrachtung. Als Ausgangspunkt zur Identifikation der Risiken dienen hier ebenfalls ein Brainstorming sowie der Rückgriff auf bislang aufgetretene Fehler und Erfahrungswerte. Die FMEA begleitet den gesamten Prozess des Risikomanagements von der Risikoidentifikation über die Risikobewertung bis hin zum Risikomonitoring. Bild 14 zeigt die Inhalte der FMEA-Vorgehensweise (siehe Pocket Power Qualitätstechniken).

The form (Fehlermöglichkeits- und -einflussanalyse / FMEA-Formblatt) contains the following elements:

Fehlermöglichkeits- und -einflussanalyse

☐ System-FMEA Produkt ☐ System-FMEA Prozess

| | Regel-Nr.: |
| Seite <...> von <...> |
| Abt.: Datum: |
| Abt.: Datum: <........> |

Typ/Modell/Fertigung/Charge: | Sach-Nr.: Änderungsstand: | Verantw.: Firma:

System-Nr./Systemelement: Funktion/Aufgabe: | Sach-Nr.: Änderungsstand: | Verantw.: Firma:

Fehler-Nr.	Mögliche Fehlerfolgen	B	Möglicher Fehler	Mögliche Fehlerursachen	Vermeidungsmaßnahmen	A	Entdeckungs-maßnahmen	E	RPZ	V/T

B = Bewertungszahl für die Bedeutung

V = Verantwortlichkeit

A = Bewertungszahl für die Auftretenswahrscheinlichkeit

T = Termin für die Erledigung

E = Bewertungszahl für die Entdeckungswahrscheinlichkeit

Risikoprioritätszahl RPZ = B · A · E

Bild 14: *FMEA-Formblatt*

Delphi-Methode

> ### Die Delphi-Methode
>
> Die Delphi-Methode basiert auf einer Befragung von Experten zu einem bestimmten Thema in mehreren Durchgängen. Die Experten sollen zu den Ergebnissen des vorangegangenen Durchgangs eine Stellungnahme abgeben und ihre evtl. abweichende Meinung begründen. Dies wird so lange wiederholt, bis ein Konsens erreicht ist.
> Die Methode eignet sich hervorragend für die objektive Bewertung von unterschiedlichen subjektiven Meinungen.

2.3 Analyse und Bewertung: Wie schätze ich das Risiko ein?

WORUM GEHT ES?

Die Phase „Risiken analysieren und bewerten" besteht aus zwei grundsätzlichen Schritten. In einem ersten Schritt ist zu analysieren, welche Gefahr von einem möglichen Risiko ausgeht. Es stellt sich also die Frage: Wie wahrscheinlich tritt der Risikofall ein und mit welchen Auswirkungen ist gegebenenfalls zu rechnen? Unter Umständen erscheint eine weitere Analyse bezüglich der bereits getroffenen Vorsorge bzw. Entdeckungsmaßnahmen notwendig. In einem zweiten Schritt hat das Unternehmen eine Entscheidung zu treffen, ob das Risiko akzeptabel ist und eingegangen werden soll oder nicht.

WAS BRINGT ES?

Die Risikoanalyse vermittelt einen Eindruck von den Auswirkungen des Risikos. Ein noch unklares, nicht greifbares Risiko wird aufgrund von subjektiven Einschätzungen einer

Gruppe oder aufgrund von objektiven Daten beziffert. Es erfolgt eine Einteilung der Risiken in Klassen, was wiederum eine Einstufung der Risiken ermöglicht. Damit nehmen die Transparenz und der Standardisierungsgrad für alle Beteiligten zu. Risiken erscheinen greifbarer und können somit eingegrenzt und besser behandelt werden.

WIE GEHE ICH VOR?

2.3.1 Risikoklassen definieren

Der nächste Schritt nach der Risikoidentifikation besteht darin, kleine, vertretbare Risiken von den großen zu unterscheiden. Das Unternehmen betrachtet die Risikoquellen, deren Folgen und deren Eintrittswahrscheinlichkeiten. Die Einschätzung der Folgen und der Eintrittswahrscheinlichkeit eines Risikos (im Rahmen der bestehenden Steuerungsmaßnahmen) stellt schließlich die Grundlage für die Risikobewertung dar.

Neben der im Kapitel 2.1 besprochenen Kategorisierung von Risiken ist also im Rahmen eines Risikomanagementsystems die Risikoanalyse und -klassifizierung notwendig, um eine Risikobewertung vornehmen zu können. Dabei erscheint es sinnvoll, die identifizierten Risiken mit sehr geringen Folgen vorab auszuschließen, um Zeit und Ressourcen zu sparen. Allerdings sollte dieser Ausschluss begründet und dokumentiert erfolgen.

Üblicherweise beziehen sich die Analysemethoden auf zwei Kriterien: die Eintrittswahrscheinlichkeit eines Schadens und dessen Bedeutung. Durch Multiplikation der Eintrittswahrscheinlichkeit mit dem Schadensausmaß ergibt sich ein Erwartungswert, der die Basis für die Zuordnung in eine Risikoklasse bildet (siehe Bild 15).

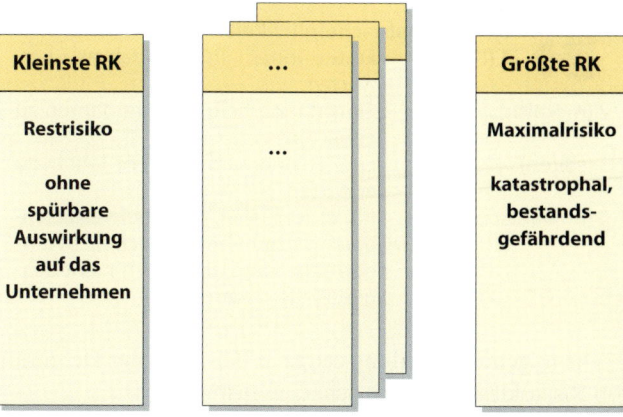

RK = Risikoklassen

Bild 15: *Bilden von Risikoklassen (Beispiel)*

Die Klassifizierung kann mit Hilfe einer Abstufung von 1 bis 4 für die Eintrittswahrscheinlichkeit und 1 bis 5 für die Schadenshöhe erfolgen. Einige Modelle stufen die Eintrittswahrscheinlichkeit eines Risikos als unwahrscheinlich (4), niedrig (3), mittel (2) oder hoch (1) ein. Das Schadensausmaß wird entsprechend als Bagatellrisiko (5), kleines Risiko (4), mittleres Risiko (3), großes Risiko (2) oder Katastrophenrisiko (1) definiert.

> **Risikoklassen veranschaulichen**
> Hinterlegen Sie die Risikoklassen mit konkreten Zahlenangaben oder Beispielen, die den Beteiligten einer Risikobewertung die Arbeit erleichtern.

Folgende Einteilung können Sie z. B. für die Einteilung der Eintrittswahrscheinlichkeit verwenden:

Eintrittswahrscheinlichkeit

1 (häufig):	Eintritt innerhalb eines Jahres zu erwarten
2 (möglich):	Eintritt innerhalb von drei Jahren zu erwarten
3 (selten):	Eintritt innerhalb von acht Jahren zu erwarten
4 (unwahrscheinlich):	Risiko ist bisher, auch bei vergleichbaren Unternehmen, noch nicht eingetreten, kann aber auch nicht ausgeschlossen werden

Die folgende Einteilung zeigt ein Beispiel einer Definition von Risikoklassen für das Schadensausmaß.

Schadensausmaß

5 (Katastrophe):	existenzgefährdend
4 (groß):	Eintritt des Risikos zwingt zur kurzfristigen Änderung der Unternehmensziele
3 (mittel):	Eintritt zwingt zur mittelfristigen Änderung der Unternehmensziele
2 (klein):	Eintritt zwingt zur Änderung von Mitteln und Wegen
1 (Bagatelle):	Eintritt hat keine Auswirkungen auf den Unternehmenswert

Eine Frage wurde bislang nicht beantwortet: Wann ist ein Schadensausmaß nun existenzgefährdend oder führt beispielsweise zu einer mittelfristigen Änderung der Unternehmensziele? Die Beantwortung dieser Frage kann nur unternehmensspezifisch erfolgen. Die Verwendung einer allgemein gültigen Standardskala für die Definition dieser Schwellenwerte ist nicht sinnvoll. Für ein Großunternehmen (z. B.

Automobilkonzern) mögen 100 000 € ein zu vernachlässigendes Risiko darstellen. Eine komplett gegenteilige Einschätzung des Risikos wird dagegen der Besitzer einer Pommesbude vornehmen. Folgende Faktoren können bei der Definition von Schwellenwerten hilfreich sein:

▶ absolute Größe eines Risikos (z.B. Risiken über 100 000 €),
▶ relative Größe eines Risikos zur Bezugsgröße (z.B. 20% unter geplantem Ergebnis),
▶ Entwicklung des Risikos zu Bezugsgrößen (z.B. Verlust um 30% gegenüber letzter Periode),
▶ Eigenkapitalhöhe,
▶ Unternehmensergebnis.

In Abhängigkeit von Branche und Unternehmensgröße muss nun individuell in Anlehnung. z. B. an die Eigenkapitalhöhe oder an das durchschnittliche jährliche Unternehmensergebnis, eine Risikoklassifizierung stattfinden. Das Beispiel in Bild 16 zeigt eine Risikoklassifizierung eines mittelständischen Unternehmens mit einem Umsatz von 6 Mio. €, einer Eigenkapitalquote von 25% und einem durchschnittlichen Unternehmensergebnis von 180 000 €.

Bisher haben wir bei der Risikoklassifizierung nur Risiken mit negativen Folgen betrachtet. Doch können Sie dieses Vorgehen ebenso einsetzen zur Identifizierung und Priorisierung von Chancen („positiven" Risiken), und zwar ohne große Änderungen im Ablauf. Die Skala für die Eintrittswahrscheinlichkeit muss nicht geändert werden, lediglich die Folgenskala wird anders beschriftet, nämlich mit positiven Folgen:

„Positive" Risiken und ihre Folgen

1 (unbemerkt): geringer Nutzen, niedriger finanzieller Gewinn
2 (klein): kleiner Imagegewinn, mäßiger finanzieller Gewinn
3 (mittel): mittlerer Imagegewinn, hoher finanzieller Gewinn
4 (groß): großer Imagegewinn, bedeutender finanzieller Gewinn
5 (heraus-ragend): bedeutender Imagegewinn, überragender finanzieller Gewinn

Natürlich können Sie beide Skalen kombinieren mit einer Bewertung von –5 (katastrophales Risiko) bis +5 (herausragende Chance).

RK I	RK II	RK III	RK IV	RK V
bis 1.000 €	bis 10.000 €	bis 100.000 €	bis 1 Mio. €	> 1 Mio. €
Rest-risiko	Geringes Risiko	Mittleres Risiko	Hohes Risiko	Katastro-phal

RK-Summe = Schadenshöhe · Eintrittswahrscheinlichkeit
(ohne Versicherung)

EW = Eintrittswahrscheinlichkeit: I = unwahrscheinlich/Jahr
...
V = sehr wahrscheinlich/Jahr

Bild 16: *Risikoklassifizierung eines mittelständischen Unternehmens*

2.3.2 Werkzeuge der Risikoanalyse

Bei der Risikoanalyse sind ähnlich wie bei der Klassifizierung quantitative und qualitative Methoden möglich. Das weitere Vorgehen kann sich auf quantitative, mathematische Berechnungsmethoden stützen, wenn dies die vorhandenen Informationen zulassen, jedoch wird in den meisten Fällen das Vorgehen qualitativer Art sein.

Qualitative Methoden sind z. B.:

▶ Brainstorming,
▶ strukturierte Interviews oder Fragebögen,
▶ Bewertung durch interdisziplinäre Gruppen,
▶ Spezialisten- und Fachbeurteilung.

Der Wert einer solchen qualitativen, nicht auf harten Zahlen und Fakten beruhenden Risikoklassifizierung wird erhöht, wenn sie nicht auf der Einschätzung einer einzelnen Person beruht, sondern auf dem Konsens möglichst vieler verschiedener Meinungsträger.

Zu den quantitativen Methoden zählen:

▶ Wahrscheinlichkeitsanalyse,
▶ Folgenanalyse,
▶ Simulationsmodelle,
▶ statistisch-numerische Analyse,
▶ Marktforschung,
▶ Lebenszyklus-Kostenanalyse,
▶ Fehlerbaumanalyse.

Zahlen hinterfragen

Jedes quantitative Risikomodell beruht auf Zahlen. Die Qualität der Zahlenbasis ist entscheidend für die Richtigkeit der abgeleiteten Risikoeinstufung. Deshalb ist es notwendig, die herangezogenen Zahlen grundsätzlich auf ihre Aussagekraft und Validität zu überprüfen.

Beispielsweise muss eine in einem IT-System erfasste Fehlerquote nicht der tatsächlichen Fehlerquote entsprechen. Mitarbeiter könnten einige erhebliche Fehlerquellen nicht erfassen.

Quantitative Methoden beruhen in vielen Fällen auf komplexen statistischen Modellen. Häufig ist diese mathematisch basierte Vorgehensweise nicht notwendig. In einigen Branchen hingegen stellen derartige Berechnungen die unabdingbare Voraussetzung, um Risiken richtig einschätzen zu können. Eine seit Jahren vor allem im Bereich der Finanzdienstleistungen eingesetzte Methode ist das Value-at-Risk-Modell, wobei der VaR in einem Wert ausgedrückte Risikoparameter darstellt. Der VaR zeigt die negative Veränderung eines Wertes (sprich Geldverlust) innerhalb einer bestimmten Zeit, die mit einer bestimmten Wahrscheinlichkeit nicht überschritten wird. Die VaR-Werte sind im Prinzip also monetäre Wahrscheinlichkeitswerte, die aufgrund des Zusammenwirkens bzw. mathematisch berechneter Wechselwirkungen verschiedener Risiken auftreten. Aufwendige Simulationsrechnungen sind notwendig, um diese Werte zu ermitteln (z.B. Monte-Carlo-Simulation).

2.4 Risikobehandlung: Wie ist mit dem Risiko umzugehen?

WORUM GEHT ES?

Nachdem das Unternehmen die Identifikation, Analyse und Bewertung der Risiken durchgeführt hat, muss es geeignete Maßnahmen zur Risikosteuerung einleiten. Dabei bieten sich verschiedenen Strategien an. Die Risikobehandlung umfasst die Bandbreite der Handlungsmöglichkeiten (Vermeidung, Verminderung, Übertragung, Kompensation), deren Bewertung als Entscheidungsgrundlage für einzuleitende Maßnahmen, die Aufstellung von Risikobehandlungsplänen und deren Umsetzung.

WAS BRINGT ES?

Das Erkennen von Risiken und deren Kommunikation ist bereits ein erster wesentlicher Schritt zur Verminderung der Auftrittswahrscheinlichkeit von Schadensfällen. Trotzdem sollte das Unternehmen immer prüfen, welche Maßnahmen zur Risikobehandlung grundsätzlich in Frage kommen. Vor allem Behandlungsstrategien zur Vermeidung von Risiken ersparen dem Unternehmen unter Umständen viel Aufwand. Z.B. können in den frühen Phasen eines Produktentwicklungsprojekts durch Risikobetrachtungen hohe Kosten der Fehlerbehebung in der Vorserie oder gar Serienphase vermieden werden. In einigen Fällen stellt sich die Übertragung eines Risikos auf eine Versicherung als die günstigste Lösung heraus. Die Betrachtung aller möglichen Strategien im Umgang mit Risiken soll dazu verhelfen, eine optimale Maßnahme nach einer Risikoidentifikation einleiten zu können.

WIE GEHE ICH VOR?

Anhand der vorgenommenen Risikobewertungen identifiziert eine Projektgruppe mögliche Lösungswege zur Risikobehandlung. Die verschiedenen Lösungsalternativen orientieren sich dabei an vier grundsätzlichen Risikobehandlungsstrategien.

2.4.1 Risikobehandlungsstrategien

Bei der Identifikation der Behandlungsoptionen gilt es auszuloten,

▶ ob der Eintritt verhindert werden kann (Vermeidung),
▶ ob das Schadensausmaß eingedämmt werden kann (Verminderung),
▶ ob das Risiko abgewälzt werden kann (Übertragung) und
▶ ob das Risiko vom Unternehmen selbst getragen wird (Kompensation).

Vermeidung

Selbstverständlich kann die Eintrittswahrscheinlichkeit jedes Risikos auf null gesenkt werden, indem die dazugehörige Aktivität komplett gemieden wird. An dieser Stelle sei jedoch auch auf das oft zitierte Sprichwort verwiesen, das lautet: No risk, no fun! Das Unternehmen geht zwar kein Risiko ein, verzichtet aber womöglich auf eine Gewinnchance. Deshalb sollte stets gründlich geprüft werden, ob sich eine alternative Lösung anbietet, die das Risiko vermeidet und trotzdem die Chance auf einen Gewinn ermöglicht.

 Keine Chance ohne Risiko
Bei Risikobetrachtungen müssen Sie darauf achten, dass Chancen für das Unternehmen nicht totdiskutiert werden. In jeder Suppe lässt sich ein Haar finden!

Verminderung

Das Unternehmen legt Richtlinien und Grenzwerte fest, welche Risiken bis zu welcher Höhe eingegangen werden dürfen und wie diese zu behandeln sind. Ziel ist es, Vermögensverluste zu begrenzen bzw. zu vermindern. Solche Maßnahmen finden sich im Sicherheits- (z. B. Brandschutz) oder im Finanzbereich (z. B. Kreditrichtlinien) und können fast immer in Betracht gezogen werden. Nehmen wir als Beispiel das Risiko des Ausfalls von Zahlungen aufgrund von Forderungen an Kunden. Das Unternehmen kann verschiedene Stufen der Minimierung der Auftretenswahrscheinlichkeit des Risikos installieren, indem es Bonitätsprüfungen in Abhängigkeit vom Auftragswert durchführt. Des Weiteren besteht die Möglichkeit, bei großen Aufträgen Zahlungspläne mit dem Kunden zu vereinbaren, so dass das Risiko durch die Installation von einzelnen Zeitabschnitten vermindert wird.

Maßnahmen zur Erhöhung der Entdeckungswahrscheinlichkeit vermindern zwar nicht die Auftrittswahrscheinlichkeit, sie erhöhen jedoch die Möglichkeit, frühzeitig Maßnahmen einzuleiten, um einen noch größeren Schaden abzuwenden. In einer FMEA wird deswegen dieser Aspekt als dritter Faktor gesondert bewertet und betrachtet.

Folgendes Beispiel soll den Nutzen verdeutlichen, der durch die Berücksichtigung der Entdeckungswahrscheinlichkeit entsteht.

Ein Unternehmen vertraut seinen Lieferanten und führt keinerlei Eingangsprüfungen der angelieferten Waren durch. Die Entdeckungswahrscheinlichkeit ist als sehr gering einzustufen. Fehler im angelieferten Rohmaterial werden erst bei Belastung (bei Einsatz des fertigen Produkts beim Kunden) ersichtlich. Fehler beim Kunden sind allerdings mit hohen Kosten verbunden. Eine frühzeitige Entdeckung (Wareneingangsprüfung) würde zwar die Auftrittshäufigkeit (Fehler im Rohmaterial) nicht vermindern, aber dem Unternehmen die Möglichkeit geben, die Kosten für Rücktransport und Demontage der Anlagen zu vermeiden. Die Gesamtkosten könnten so verringert und die Verärgerung des Kunden vermieden werden.

> **Risikoverminderung durch frühzeitige Entdeckung**
>
> Ziehen Sie Lösungsalternativen in Betracht, die die Entdeckungswahrscheinlichkeit erhöhen. Sie gewinnen durch frühzeitiges Entdecken Handlungsspielräume und können so die Schadenshöhe verringern.

Übertragung

Ziel dieser Behandlungsstrategie ist es, das Risiko auf ein anderes Unternehmen zu übertragen. In den meisten Fällen geschieht dies durch Abschluss einer Versicherung. Dies kann natürlich nur für versicherbare Risiken geschehen. Es handelt sich dabei um eine sehr kostenintensive Lösung, allerdings wird das Risiko genau kalkulierbar. Erstaunlich ist, welche Fälle inzwischen versicherbar sind (z. B. lassen sich selbst Quizsendungen, bei denen ein Millionengewinn möglich ist, häufig für den Gewinnfall eines Mitspielers versichern). In den meisten Fällen ist es nur eine Frage der Höhe der Prämie.

Die Übertragung von Risiken auf Versicherungen birgt jedoch die Gefahr einer kurzfristigen Betrachtungsweise. Beispielsweise kann ein versicherter Lieferausfall zwar zunächst finanzielle Auswirkungen ausgleichen, die negativen Auswirkungen auf die Kundenzufriedenheit lassen sich dadurch häufig nicht vermeiden, so dass der Lieferausfall gegebenenfalls sogar zum Verlust der Kundenbeziehung führen kann.

Kompensation

Ein Restrisiko, das nach Einsatz anderer Maßnahmen verbleibt, oder geringe Einzelrisiken können vom Unternehmen selbst getragen werden. Zur Kompensation des Risikos bietet es sich z. B. an, Rücklagen zu bilden. Im Finanzmanagementbereich schließen Unternehmen häufig ein gegenläufiges Geschäft ab (z. B. zur Kompensation von Währungsrisiken). Beliefert ein deutsches Unternehmen insbesondere den Dollarmarkt, ist es durchaus sinnvoll, auch die Zulieferteile aus Dollarländern zu besorgen, um ein vertriebsbedingtes Währungsdefizit über den Beschaffungsmarkt auszugleichen. Entscheidet sich ein Unternehmen für die Kompensation eines Risikos, erscheint eine klare Definition akzeptabler Risiken im Vorfeld als unabdingbar. Kriterien und Grenzen für akzeptable Risiken sollten dabei möglichst objektiv ermittelt worden sein.

2.4.2 Bewertung der Handlungsmöglichkeiten

Für eine Bewertung müssen Kosten und Nutzen der Handlungsmöglichkeiten abgewogen werden. Der Verantwortliche vergleicht die Kosten, die durch die unterschiedlichen Maßnahmen zur Risikobehandlung entstehen, und leitet daraus eine Behandlungsempfehlung ab. (Diese rein monetäre Betrachtung kommt aus unserer Sicht für Schäden an Personen nicht in Frage. Der Schutz der Personen muss hier im Vordergrund stehen und kann nicht in Geld ausgedrückt werden.)

Anschließend stellt das Unternehmen die Behandlungspläne je nach der ausgewählten Strategie (Vermeidung, Verminderung usw.) auf. Diese müssen an alle Beteiligten kommuniziert werden. Kapitel 2.6 beschäftigt sich näher mit dem Aspekt der Risikokommunikation.

2.4.3 Notfallplanung

Im Zusammenhang mit Risikobehandlungsstrategien ist auch die Erstellung von Notfallplänen im Unternehmen zu sehen. Diese Forderung lässt sich auch indirekt aus dem KonTraG ableiten. Notfallpläne enthalten Maßnahmen, die nach Eintreten eines potenziellen negativen Ereignisses die Geschäftstätigkeit aufrechterhalten. Ähnliche Forderungen an die Aufrechterhaltung der Lieferfähigkeit stellt die Automobilindustrie in ihren Anforderungskatalogen TS 16949 und VDA 6.1.

Notfallpläne gehen davon aus, dass für ein kritisches Risiko Eintrittswahrscheinlichkeit und Schadensausmaß nicht weiter reduziert werden können. Daher forciert die Notfallmaßnahme einen vorbeugenden Ansatz, um zu verhindern, dass ein bestimmtes Risiko eintritt. Gleichzeitig enthält der Plan genau definierte Maßnahmen, die bei Eintritt des Risikoereignisses einzuleiten sind, um das Schadensausmaß in Grenzen zu halten. Dies ist oft mit hohen Kosten verbunden.

Notfallplan für welches Risiko?

Sind für ein Risiko folgende Kriterien erfüllt, sollte für dieses Risiko ein Notfallplan entwickelt werden:
- Ein kritisches Risiko kann nicht weiter behandelt werden.
- Eine weitere Behandlung wäre von den Kosten her nicht zu rechtfertigen.
- Dem Risiko liegen mehrere Ursachen zugrunde.

Ist das Unternehmen für Notfälle wie Brand, Überschwemmung und Stromausfall gerüstet? Kann der Geschäftsbetrieb notdürftig aufrechterhalten werden? Diese Fragen sollten rechtzeitig gestellt und beantwortet werden. Für diesen Zweck ist ein Business Continuity Plan zu erstellen.

Business Continuity Plan (BCP)
- Fortführung oder schnelle Wiederaufnahme des Geschäftsbetriebs sicherstellen.
- Finanzielle Verluste eindämmen.
- Verlust an Marktpräsenz und Image beschränken.

Die Erarbeitung eines BCP ist keine einmalige Angelegenheit, sondern ein kontinuierlicher Prozess, in dem es darum geht, die gefährdeten Unternehmensbereiche und Systeme zu erkennen und dafür Vorsorge zu tragen, dass diese Bereiche und Systeme im Notfall weiterhin funktionieren.

Bild 17 zeigt exemplarisch Auszüge aus einem Notfallplan eines mittelständischen Unternehmens.

2.5   Monitoring und Review

WORUM GEHT ES?

Die einmalige Entwicklung von Notfallmaßnahmen bietet keine dauerhafte Basis für das Risikohandling. Da sich Risiken laufend ändern können, ist eine ständige Überwachung auf Aktualität notwendig. Die Durchführung von regelmäßigen Tests, Probeläufen und Übungen sowie eine eventuelle Anpassung von bereits installierten Maßnahmen halten das Risikomanagementsystem in einem aktuellen Zustand.

In dieser Phase des Risikomanagementprozesses soll regelmäßig überprüft werden, ob die Risiko-Ist-Situation im Unternehmen mit den im Risikoprofil vorgegebenen Einschätzungen übereinstimmt. Eine Berichts- und Revisionsstruktur zur Gewährleistung einer wirksamen, aktuellen Risikoidentifikation sind ferner Bestandteil eines wirksamen Risikomanagements. Angemessene Kontrollen und Reaktio-

Für Notfälle wie Versorgungsstörungen, Streiks, Ausfall von Schlüsseleinrichtungen sind folgende Maßnahmen vorgesehen:		Einzelmaßnahme
Ausfall von Maschinen/Werkzeuge		
	redundante Maschinen/Werkzeuge (eigene oder fremde), redundante Produktionsstätten, Verfügbarkeit interner/externer Instandsetzungsunternehmen	Kontakt aufbauen Verträge schließen
Ausfall von Lieferanten		
	redundante Lieferanten, Sicherheitslagerbestände	Lieferanten global aufstellen
Streik		
	Sicherheitslagerbestände außerhalb Streikgebiet	Streikdauer schätzen Bedarf errechnen
Sicherheitslagerbestände werden unter Berücksichtigung des Obsoleszenzrisikos („Veralterung" durch Nachfragerückgang oder Produktänderungen) festgelegt und können bestehen		
	bei Lieferanten	
	im Rohstofflager	
	bei externen Logistikunternehmen	
	als Umlaufbestände	
	im Fertigwarenlager	
Für den Fall, dass Rückrufaktionen notwendig werden, wird der Schaden durch die Eingrenzung fehlerhafter Produkte mit Hilfe folgender Maßnahmen begrenzt:		
		Kennzeichnung am Teil/Produkt
		Los-/Chargenkennzeichnung
		Produktverifizierung mit dazugehörigen Aufzeichnungen
		Beachtung des „first in/first out"-Prinzips (FIFO)
		Angabe und Beachtung von Verfalldaten

Bild 17: *Business Continuity Plan: Notfallplan*

nen auf Änderungen im Risikoumfeld sichern das Bestehen des Risikomanagementsystems.

WAS BRINGT ES?

Um Verbesserungsmöglichkeiten zu identifizieren, empfiehlt es sich, die Einhaltung der gesetzten Standardleistung regelmäßig zu überprüfen. Unternehmen sind dynamisch und agieren in dynamischen Umfeldern. Veränderungen in der Organisation und ihrem Arbeitsumfeld werden ermittelt und die Systeme in angemessener Weise abgeändert.

Der Überwachungsprozess sorgt dafür, dass geeignete Kontrollen für die Tätigkeiten der Organisation ständig angepasst werden. Das Verständnis für die eingeführten Verfahren wird vertieft und deren Einhaltung gefördert. Neu abgestimmte Maßnahmen bzw. Parameter für das sich ändernde Umfeld sind auf die veränderten Risikoaspekte abgestimmt, veraltete Maßnahmen und Parameter können über Bord geworfen werden.

WIE GEHE ICH VOR?

Die Überprüfung der Wirksamkeit der gewählten Maßnahmen erfolgt mit Hilfe von kritischen Reviews und Tests, welche u. a. folgende Fragen aufgreifen:

▶ Sind die Risiken vollständig erfasst?
▶ Sind bisher nicht erkannte Risiken aufgetreten?
▶ Sind die Maßnahmen angemessen?

Auch die richtige Durchführung der Risikoanalyse und -bewertung ist zu kontrollieren. (Sind die Ursachen der Risiken, ihre Folgen und Eintrittswahrscheinlichkeiten richtig ermittelt worden?) Abschließend sollte die Frage stehen, welche Schlüsse sich für das zukünftige Risikomanagement ziehen lassen (Lessons- learned).

Es empfiehlt sich, das Review des Risikomanagementprozesses sowie dessen Inhalte sowohl in periodischen Intervallen als auch im Bedarfsfall durchzuführen. Der Bedarfsfall ist gekennzeichnet durch aktuelle Ereignisse im Arbeitsumfeld oder durch interne Organisationsänderungen. Genau zu definierende Regelungen geben Auskunft darüber, in welchen Fällen eine Risikoneubewertung auch außerhalb des Regelreviews zu erfolgen hat.

Beispielhafte Ereignisse zum Review des Risikomanagements

- Wesentliche, das Unternehmen betreffende Gesetzesänderungen
- Umstrukturierungen
- Wechsel der Schlüssellieferanten
- Änderungen in der Kundenstruktur
- Imagerelevante Reklamationen, Rückrufaktionen
- Auftretende Anlagenstörungen sowie umweltrelevante Vorfälle
- Überschreitung definierter Grenzwerte für Schlüsselrisiken (verringerte Liquidität, hoher Anteil eines Kunden am Gesamtumsatz etc.)

Die Methoden zur Überprüfung können vielfältiger Art sein. Wie bereits in den vorangegangenen Kapiteln erwähnt, bietet sich der Einsatz bereits vorhandener Methoden an. Das Augenmerk sollte dabei stets auf das Thema Risiko gerichtet sein, um ein bewusstes Managen von Risiken zu ermöglichen. Folgende Methoden zum Monitoring und Review des Risikomanagementprozesses kommen dabei in Frage:

- ► interne Checklisten,
- ► interne Audits,
- ► externe/unabhängige Audits,
- ► Inspektionen,
- ► spezielle IT-Programme zur kontinuierlichen Überwachung von Soll-Ist-Vergleichen,
- ► Review-Workshop zu Unternehmenspolitik, -strategien und -prozessen.

In vielen Unternehmen sind diese Werkzeuge bereits etabliert, doch nicht mit dem Thema Risikomanagement explizit in Verbindung gebracht. Zu diesem Zweck erscheint es sinnvoll, Risikomanagementthemen beispielsweise im internen Auditprozess, in die Auditchecklisten sowie in die Auditberichterstattung zu integrieren.

Dabei geht es zunächst um Fragen, die den Prozess Risikomanagement tangieren, wie z. B.:

- ► Werden Risiken systematisch betrachtet?
- ► Wurden Maßnahmen ergriffen, um Risiken zu minimieren?
- ► Gewährleistet der Prozess eine objektive Bewertung von Risiken?
- ► Sind jährliche oder monatliche Reviews wirksam?
- ► Ermöglichen die Beteiligten am Risikomanagement eine umfassende Risikobetrachtung?
- ► Wird die Wirksamkeit der ergriffenen Maßnahmen überwacht?
- ► Sind die wesentlichen Schritte des Risikohandlings nachvollziehbar und transparent?
- ► Inwieweit sind sich Mitarbeiter der Risiken bewusst?

Weiterhin sind Fragen, die sich mit den Risiken in den einzelnen Themenfeldern beschäftigen, in die Auditchecklisten zu integrieren. So können beispielsweise die Anwender über die gängigen „ISO-9001-Beschaffungsaspekte" hinaus folgende Punkte hinterfragen:

▶ die „Richtigkeit" des Beschaffungsmarktes, um die aktuell bestmöglichen Lieferanten zur Verfügung zu haben,

▶ die Versorgungssicherheit, um bei Ausfall eines Lieferanten oder eines zugelieferten Teils auf andere zurückgreifen zu können,

▶ die finanzielle Stabilität der Lieferanten, um die langfristige Zusammenarbeit zu gewährleisten.

Eine wichtige Rolle spielen die Dokumentation des Risikomanagementprozesses sowie die Einbeziehung der verschiedenen Ebenen der Organisation. Risikomanagement ist nicht die Aufgabe eines einzelnen Risikomanagers. Die Erfahrung und das Wissen der gesamten Organisation müssen in den Risikomanagementprozess mit einbezogen werden. Infolgedessen ist es notwendig, auf allen Organisationsebenen Risikobetrachtungen zu etablieren. Das Topmanagement sollte das Review von Risiken in die jährlichen Strategiesitzungen des Managements integrieren und gegebenenfalls Risikoreviews für einzelne Prozesse oder Abteilungen schaffen. Große Konzerne nutzen die interne Revision als Bindeglied zwischen den Risiken in operativen Unternehmensprozessen und der Bewertung von strategischen Risiken.

Idealerweise existiert ein Risikomanagementplan, der folgende Inhalte aufweist:

▶ eine Beschreibung des Unternehmensumfeldes, wie Marktlage, Umwelt, gesetzliches Umfeld etc.,

▶ Schlüsselrisiken, Risikobewertungen und Indikatoren zur Messung der Risiken,

▶ eine Priorisierung der Risiken,
▶ Maßnahmen zur Risikobehandlung,
▶ eine fortlaufende Bewertung der Wirksamkeit der getroffenen Maßnahmen.

Bild 18 zeigt ein Formular zur Dokumentation eines Risikomanagementplans.

Im Zusammenhang mit der Dokumentation und der Überwachung im Risikomanagementsystem stellt sich auch die Frage nach der IT-Unterstützung. In vielen Fällen sind hierfür verschiedene, bereits etablierte Softwareprogramme in den Unternehmen nutzbar. Andererseits sind spezielle Monitoringprogramme auf dem Markt erhältlich (Bild 19). Ob eine bereits vorhandene oder neu anzuschaffende Softwareunterstützung nötig ist, hängt von der Vielzahl der zu überwachenden Maßnahmen und Parameter ab. Diese Entscheidung bezieht sich auch auf die Frage, ob eine Verfolgung in Form schriftlicher Dokumentation ausreicht oder ob eine IT-Unterstützung unumgänglich ist.

Risikobericht

Risikoart
Planjahr
Risikoursache
Maximales Verlustpotenzial
Normales Verlustpotenzial
Eintrittswahrscheinlichkeit
Bereits durchgeführte Maßnahme
Bereits eingeleitete Maßnahme

wirksam ab

Restrisiko

Bild 18: *Deckblatt eines Risikomanagementplans*

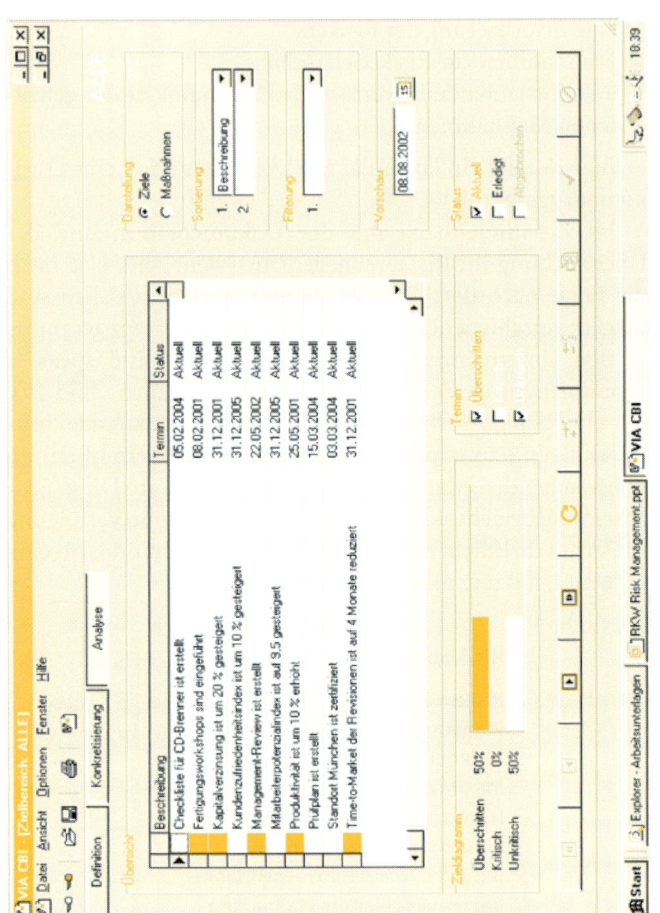

Bild 19: *IT-Monitoring von Risiken und deren Schwellenwerten*

2.6 Risikokommunikation

WORUM GEHT ES?

Grundsätzlich lässt sich zwischen interner und externer Kommunikation unterscheiden. Eine effektive interne und externe Kommunikation soll den Verantwortlichen des Risikomanagements sowie den Interessengruppen vermitteln, warum bestimmte Maßnahmen erforderlich sind.

WAS BRINGT ES?

Gemäß dem Motto „Gefahr erkannt, Gefahr gebannt" stellt die Schaffung eines Risikobewusstseins einen ersten Schritt in Richtung Risikoverminderung dar. Dieses Risikobewusstsein in der Organisation kann durch eine effektive Kommunikation bezüglich der auftretenden Risiken und deren Handhabung erreicht werden.

Die externe aktive Kommunikation im Umgang mit Risiken führt in vielen Fällen zu einer nicht zu unterschätzenden Vertrauensbildung (z. B. bei Kreditgebern oder Gesellschaftern). Umgekehrt kann eine nicht gelenkte Risikokommunikation zu Vertrauensverlust führen. Erfahren Kreditgeber von Risiken im Unternehmen über Dritte oder andere Informationsquellen, wirkt sich dies nachteilig auf das Unternehmen aus.

WIE GEHE ICH VOR?

Es empfiehlt sich, bereits im frühen Stadium des Risikomanagementprozesses eine Kommunikationsstrategie zu entwickeln. Die Kommunikation sollte im Idealfall keine Einbahnstraße sein, sondern in beide Richtungen funktionieren.

Zu beachten ist, dass die Kommunikation zwischen Experten und Laien oft mit Schwierigkeiten verbunden ist, da diese in Bezug auf spezifische Wissensgebiete über sehr unterschiedliche Ausgangspositionen verfügen. Die beste Kommunikation ist nutzlos, wenn sie beim Empfänger nicht ankommt.

Nicht nur das Wissensniveau unterscheidet sich, auch die Risikowahrnehmung wird je nach Standpunkt verschieden sein (technische Experten, Projektteammitglieder, Entscheidungsträger, externe Interessengruppen). Die Wahrnehmung von Gefahren und die Beurteilung der damit verbundenen Risiken sind stark geprägt vom eigenen subjektiven Verständnis des Risikos.

Bei der internen Kommunikation sind die unterschiedlichen Unternehmensbereiche zu berücksichtigen, die jeweils spezifische Informationen für den Risikomanagementprozess benötigen.

Dies bedeutet für die Unternehmensleitung, dass sie

▶ die klare Risikomanagementpolitik des Unternehmens einschließlich Philosophie und Verantwortungen im Bereich Risikomanagement erarbeiten und kommunizieren muss,
▶ von der Wirksamkeit des Risikomanagementprozesses überzeugt sein sollte,
▶ die wichtigsten Risiken für das Unternehmen kennen sollte,
▶ für eine angemessene Sensibilisierung in der gesamten Organisation sorgen sollte.

Auf der Ebene der Unternehmenseinheiten heißt das:

▶ Bewusstsein über die in den jeweiligen Bereich fallenden Risiken, ihre Auswirkungen auf andere Bereiche und die

Auswirkungen anderer Bereiche auf sich selbst entwickeln,

▶ mit Hilfe von Leistungsindikatoren die wichtigsten geschäftlichen und finanziellen Tätigkeiten überwachen,

▶ die Zielerreichung verfolgen und deren Zusammenhang mit Risiken klären,

▶ Entwicklungen identifizieren, die ein Eingreifen erfordern,

▶ die oberste Leitung systematisch und umgehend über alle wahrgenommenen neuen Risiken oder Fehler der bestehenden Kontrollmaßnahmen unterrichten.

Schließlich sollte auch jeder einzelne Mitarbeiter

▶ seine Rechenschaftspflicht für Einzelrisiken kennen,

▶ verstehen, wie er zu einer ständigen Verbesserung des Risikomanagementverhaltens beitragen kann,

▶ wissen, dass Risikomanagement und Risikosensibilisierung Kernstücke der Organisationskultur sind.

Ein Unternehmen muss seinen Interessengruppen (Aktionäre, Banken etc.) im Zuge der externen Kommunikation regelmäßig über die Risikomanagementpolitik und die Wirksamkeit bei der Erreichung seiner Zielsetzungen Bericht erstatten.

Inzwischen erwarten viele Interessengruppen in steigendem Maße auch einen Nachweis für ein wirksames Management in den nichtfinanziellen Organisationsleistungen. Geforderte Angaben zu den Bereichen Gemeinschaftsangelegenheiten, Beschäftigungspraxis, Gesundheit, Sicherheit oder Umwelt sind hier keine Seltenheit mehr. Gezielte Informationen an die externen Interessengruppen zu folgenden Themen erscheinen daher sinnvoll:

▶ Schutz der Interessen der Interessengruppen,
▶ Aufgabenerfüllung des Vorstands in den Bereichen Strategielenkung, Wertschöpfung und Überwachung der Organisationsleistung,
▶ Gewährleistung bestehender und angemessen funktionierender Managementkontrollen.

Die formelle Berichterstattung sollte klar formuliert, den Interessengruppen zugänglich sein und folgende Bereiche erfassen:

▶ Zuständigkeiten des Managements für Risikomanagement und Kontrollmethoden,
▶ Verfahren zur Risikoidentifikation und Risikobehandlung,
▶ bestehende Systeme zur Bewältigung von bedeutsamen Risiken,
▶ bestehendes Überwachungs- und Revisionssystem,
▶ Meldung aller vom System oder im System selbst ermittelten bedeutsamen Mängel sowie der jeweils eingeleiteten Abhilfemaßnahmen.

Bei aller Liebe zur offenen Kommunikation von Risiken muss sich das Unternehmen über die Gefahren einer ungelenkten Risikokommunikation im Klaren sein. Informationen über Risiken, die an die Öffentlichkeit gelangen, werden schnell dramatisiert und verzerrt dargestellt. Geringe Risiken z. B. im Bereich der Umwelt werden möglicherweise von Bürgerinitiativen aufgegriffen und mutieren zu einer schwerwiegenden Bedrohung für die Anwohner. Deswegen muss sich das Unternehmen im Rahmen des Risikomanagements auch über Geheimhaltung von Risiken Gedanken machen. Die Lenkung der Information sollte folglich nicht nur betrachten, wer über Risiken zu informieren ist. Sie sollte ebenso Maßnahmen definieren, um zu verhindern, dass Informationen über Risiken in die falschen Hände gelangen. Einige Unternehmen ergreifen deshalb drastische Maßnahmen in Bezug auf Geheimhaltungsverpflichtungen oder Schutz von schriftlichen Aufzeichnungen. Dies kann im Einzelfall bis zur Vernichtung von schriftlichen Aufzeichnungen führen.

3 Implementierung und Organisation eines Risikomanagementsystems

3.1 Voraussetzungen

WORUM GEHT ES?

Wie bei jedem anderen Managementsystem auch verlangt die Einführung eines Risikomanagementsystems die Beachtung unterschiedlichster Rahmenbedingungen. Es wäre zu einfach gedacht, wenn die Geschäftsführung einem Controller oder einer Stabsstelle ab Zeitpunkt X die Berücksichtigung von Risiken in deren Tagesgeschäft abverlangen würde. Ein Unternehmen muss sein Risikomanagementsystem geplant, strukturiert und unternehmensangepasst einführen. Dabei spielen die Ressourcen, die Verantwortlichkeiten und andere Rahmenbedingungen (wie bereits vorhandene Managementsysteme, Betriebsrat etc.) eine wichtige Rolle. Die Einführung des Risikomanagementsystems in das Unternehmen muss genau geplant über ein Projektmanagement erfolgen (Bild 20). Ein anschließender kontinuierlicher Prozess sorgt für eine feste Verankerung des Systems in einer dafür vorgesehenen Organisation, so dass die Managementbausteine, die im Kapitel 2 dargelegt sind, wiederkehrend ablaufen. Dabei setzt die Auswahl der richtigen Bausteine (vgl. Kapitel 2) eine gründliche Bestandsaufnahme voraus.

WAS BRINGT ES?

Sind klare Rahmenbedingungen und Ziele des Projekts „Einführung eines Risikomanagementsystems" festgelegt

Bild 20: *Phasen eines Projektablaufs*

und definiert, so erleichtert dies in erheblichem Maße die anschließende Phase der Umsetzung. Positive Auswirkungen ergeben sich dadurch auch auf die Nachhaltigkeit und die Möglichkeit zur Weiterentwicklung des Risikomanagements. Für die umfassende Definition des Projekts „Einführung eines Risikomanagementsystems" sind folgende Punkte in einem Startbrief festzulegen und zu dokumentieren:

▶ Zustimmung durch die Geschäftsleitung,
▶ Auswahl des Gültigkeitsbereichs (Gesamtunternehmen oder Pilot, Handlungsfeld),
▶ Definition des Projektziels,
▶ Festlegen des Projektsteuerkreises,
▶ Festlegen des Projektleiters und Bestimmen des Projektteams,

▶ Planung und Durchführung notwendiger Schulungen für die Projektbeteiligten,

▶ Festlegen, ob das Risikomanagementsystem in vorhandene Managementsysteme integriert oder gesondert bestehen soll,

▶ Festlegen des Projektplans mit Meilensteinen,

▶ Definieren der finanziellen Ressourcen (Projektbudget),

▶ Definieren der unterstützenden Ausstattung (Räumlichkeiten, IT-Ausstattung, Kommunikationsmedien),

▶ Festlegen der Projektkommunikation.

Der so erstellte Startbrief schafft von Anfang an Klarheit und verhindert durch die exakte Festlegung der angegebenen Punkte Irritationen während des Projekts zu diesen Themen. Die Geschäftsleitung, der verantwortliche Projektleiter und die Mitarbeiter wissen genau, wie das Projekt abgefahren wird. Durch diese Transparenz erhöht sich die Akzeptanz aller Beteiligten und nimmt die Angst vor ungewissen Hürden. Darüber hinaus wird die Planung des Projekts, sowohl für das Projekt selbst als auch die Integration des Projekts in bestehende Planungsprozesse des Unternehmens (Budgetierung, Investplanung, Personalplanung etc.), erleichtert.

WIE GEHE ICH VOR?

Die Akzeptanz und Unterstützung durch die oberste Leitung ist eine zwingende Voraussetzung für das Gelingen des Projekts. Während der gesamten Projektlaufzeit, auch in schwierigen Phasen des Projekts, muss diese Einstellung gegenüber den Mitarbeitern kommuniziert und vorgelebt werden. Daher stellt die klare Entscheidung der Geschäftsleitung für die Einführung des Risikomanagementsystems einen wichtigen ersten Schritt bei der Durchführung des Projekts dar.

Rolle der Geschäftsleitung

Während der Vorbereitungs- und Umsetzungsphase muss sich die Geschäftsleitung unbedingt überzeugend für das Projekt einsetzen. Die Interessenlage der Geschäftsführung ist häufig auf die finanziellen Belange des Unternehmens im Zusammenhang mit dem Risiko ausgerichtet. Sie muss auf jeden Fall verdeutlichen, dass die Risiken und deren systematische Betrachtung in einem Risikomanagementsystem über bilanzielle Fokussierungen hinausgehen.

Zunächst stellt sich in der Vorbereitungsphase die Frage, ob das Risikomanagementsystem für das gesamte Unternehmen oder einzelne Abteilungen umgesetzt werden soll. Für ein größeres Unternehmen kann zunächst der Start mit einer oder mehreren Pilotabteilungen empfehlenswert sein. Die dabei gewonnenen Erfahrungen tragen dann zu einer optimierten Einführung des Risikomanagementsystems in dem gesamten Unternehmen bei. In bestimmten Fällen kann die auf einzelne Unternehmensteile bezogene Pilotierung jedoch unglücklich sein. Dies ist beispielsweise dann der Fall, wenn die finanziellen Risiken im Risikomanagementsystem mitberücksichtigt werden sollen, diese aber auch von anderen Unternehmensteilen abhängen. Interessant als Pilot kann hingegen die schrittweise Einführung verschiedener Handlungsfelder im Risikoportfolio eines Unternehmens sein. So besteht die Möglichkeit, ein Projekt durchzuführen, das darauf abzielt, nur die finanziellen und strategischen Risiken in ein Risikomanagementsystem einzubauen. Als Folgeprojekt bietet es sich dann an, verschiedene andere Handlungsfelder wie Produktion, Beschaffung, Mitarbeiter etc. zu berücksichtigen.

Auf den ersten Blick können in einem Unternehmen in vielen Bereichen unvorhersehbare Ereignisse eintreten. Dennoch ist es durchaus sinnvoll, sich bei der Installation eines Risikomanagementsystems zunächst auf einzelne Themen zu konzentrieren. Idealerweise bietet sich hierfür das Kerngeschäft eines Unternehmens an. Hängt der kritische Erfolgsfaktor eines Unternehmens besonders von den Entwicklungs- und Forschungsaktivitäten ab (Pharmaunternehmen, Halbleiterindustrie etc.), so sollten auf jeden Fall alle Gefahren, die in diesem Bereich eine Rolle spielen, analysiert werden. Liegt der Erfolg eines Unternehmens in der Marke, d. h. im Image begründet (Kosmetik, Textil etc.), kommt es wesentlich darauf an, alle möglichen Gefahren, die damit in Verbindung stehen, einem Risikomanagementsystem zu unterwerfen.

Aufgabe der Geschäftsleitung ist es, klare Projektziele bei der Systemeinführung zu definieren und zu dokumentieren. Es ist auf konkrete Zielsetzungen mit entsprechenden Messgrößen und Rahmenbedingungen zu achten, wie z. B. „Realisierung eines zertifizierungsfähigen Risikomanagementsystems innerhalb von zwölf Monaten".

Mitbestimmung

Bereits in der Startphase des Projekts „Einführung des Risikomanagementsystems" sollte die Geschäftsleitung die Arbeitnehmervertretung (Betriebsrat) mit einbeziehen. Informationen über die geplanten Projektschritte und kontinuierlich über den Projektverlauf schaffen die Basis für eine konstruktive Zusammenarbeit.

Die Geschäftsleitung legt in dieser Vorbereitungsphase auch die Aufbauorganisation des Projekts fest. Der Projektsteuerkreis ist als Entscheidungs- und Controllinggremium für die gesamte Projektlaufzeit von der Geschäftsleitung einzusetzen. Darüber hinaus ist der Projektleiter zu bestimmen. Sinnvollerweise sollte dieser nach Beendigung des Projekts die Funktion des Risikomanagers einnehmen. Der im Startbrief definierte Projektleiter ist die Person, die gegenüber der Führung die Umsetzungsverantwortung für die Einführung des Risikomanagementsystems trägt. Zu seinen Aufgaben zählt die Information der Geschäftsleitung über den Projektstatus. Gegenüber den Mitarbeitern fungiert er als zentraler Ansprechpartner für auftretende Fragen bei der Projektdurchführung.

Projektleiter

Von entscheidender Bedeutung für die erfolgreiche Einführung, Umsetzung und Nachhaltigkeit eines Risikomanagementsystems ist die Auswahl eines geeigneten Projektleiters. Er muss einen direkten Zugang zur Geschäftsleitung besitzen (auch nach dem Projekt als Risikomanager) und eine entsprechende Kompetenz zum Thema Risikomanagementsystem aufweisen. Um sowohl vom Projektteam als auch von den Mitarbeitern als Treiber der Risikomanagementsystem-Einführung anerkannt zu werden, ist es oft von Vorteil, wenn er in einigen Handlungsfeldern über Expertenwissen verfügt. Es ist aber keine zwingende Voraussetzung für einen Projektleiter, im gesamten betrachteten Risikoportfolio des Unternehmens auch inhaltlich versiert zu sein.

Im Rahmen der Vorbereitungsphase ist neben dem Projektleiter das Projektteam zu bestimmen. Es ist sinnvoll, Mitarbeiter aus allen Bereichen in das Team zu integrieren, allerdings ist die Anzahl von sechs bis zehn Personen möglichst nicht zu überschreiten, um eine konstruktive und moderierbare Projektarbeit zu ermöglichen. Auf jeden Fall sollten Mitarbeiter aus den Bereichen Controlling, Revision, Qualitätsmanagement und IT in das Projektteam aufgenommen werden. Ergänzend sind Vertreter risikorelevanter Bereiche (wie Einkauf, Produktion, Vertrieb etc.) hinzuzuziehen. Bei größeren Unternehmen können auch zusätzliche, spezialisierte Arbeitsgruppen innerhalb der Fachabteilungen das zentrale, übergeordnete Projektteam erweitern.

Auch bei den Mitarbeitern des Projektteams ist auf eine entsprechende Qualifikation zu achten, die sich aus den definierten Projektteilzielen ergibt. Unter Umständen sind entsprechende Schulungsmaßnahmen (z.B. Ausbildung zum Risikomanager etc.) einzuplanen. Der Projektverantwortliche und das Team konkretisieren das Gesamtprojektziel durch die Sammlung der Projektinhalte und die Formulierung von Projektteilzielen. Diese Teilziele werden in eine zeitliche Abfolge gebracht und mit Kennzahlen hinterlegt. Diese sogenannten Meilensteine sind während des Projekts abzuarbeiten. Bild 21 zeigt beispielhaft einen Projektplan.

Um die Nachhaltigkeit der Umsetzung zu gewährleisten, ist es sinnvoll, neben der Projektorganisation den Bereich Risikomanagement fest in der Aufbauorganisation des Unternehmens als Organisationsbereich vorzusehen und später zu verankern. Dies kann als eigenständige Stabsabteilung formuliert sein oder als eindeutig kommunizierte Integration z.B. in das Controlling oder Qualitätsmanagementsystem eines Unternehmens.

Auch die Bereitstellung der notwendigen finanziellen Ressourcen und des entsprechenden Equipments stellt eine

Monate ➝

	1	2	3	4	5	6	7	8	9	10	11	12

Vorbereitungsphase
– Zustimmung durch Management
– Auswahl des Organisationsbereichs
– Definition des Projektziels
– Auswahl des Vorgabemodells
– Festlegen des Projektsteuerkreises
– Festlegen der Projektverantwortlichen
– Bestimmen des Projektteams
– Planung und Durchführung notwendiger Schulungen für das Projektteam
– Festlegen des Projektplans mit Meilensteinen
– Definieren der finanziellen Ressourcen
– Definieren des unterstützenden Equipments
– Festlegen des Projektmarketings
– Dokumentierte Selbstverpflichtung aller Beteiligten

Umsetzungsphase
– Risikofelder/Teilfelder festlegen
– Risiken identifizieren
– Risiken analysieren und bewerten
– ...

Controlling-/Monitoringphase
Projektreview/Prozessüberführung

Bild 21: *Projektplan*

entscheidende Voraussetzung für die erfolgreiche Umsetzung des Projekts dar.

Im Rahmen der Vorbereitungsphase für die Implementierung eines Risikomanagementsystems ist das Projektmarketing nicht zu vergessen. Bei der Umsetzung eines Risikomanagementsystems gilt der Leitspruch: „Tu Gutes und rede darüber!" Die Mitarbeiter sind über das Vorhaben und den Projektfortschritt zu informieren (z.B. über Betriebsversammlungen, Intranet, schwarzes Brett, gezielte mündliche Kommunikation etc.). Auch die externe Kommunikation (wie z.B. zur Hausbank) kann sich sehr positiv auf das Unternehmen und das Projekt auswirken.

Bevor der Projektleiter und das Projektteam den genauen Projektplan aufstellen, sollte sich die Geschäftsleitung für eine der folgenden Alternativen entschieden haben:

► Installation eines Risikomanagementsystems als eigenständiger Unternehmensgeschäftsprozess (mit eigenen Werkzeugen und ggf. mit eigenen Mitarbeitern und Organisationsstrukturen) oder
► Integration des Risikomanagements in bestehende Systeme.

Gerade weil bei Letzterem auf die Dauer erhebliche Ressourcen durch Nutzen bestehender Prozesse und Werkzeuge eingespart werden können, empfiehlt sich die Integration vor allem bei kleinen und mittelständischen Unternehmen. Um diese Entscheidung treffen zu können, ist es oftmals erforderlich, die Geschäftsleitung ausreichend und zielführend im Vorfeld zu informieren. Dies kann auch Aufgabe des Projektleiters sein.

3.2 Umsetzung

WORUM GEHT ES?

Bei der Einführung eines Risikomanagementsystems stellt die Umsetzung die wohl spannendste Phase dar. Zentrale Aufgabe der Führungskräfte und Projektverantwortlichen ist es, den Projektablauf konsequent durchzusetzen und dabei die Motivation der Projektbeteiligten und ggf. der Mitarbeiter über alle Umsetzungsschritte aufrechtzuerhalten. Dies geschieht durch eine aktive Kommunikation des Projektstatus und erster Umsetzungserfolge.

Als notwendige Umsetzungsschritte lassen sich nennen:

▶ Vorbereitungsaufgaben,
▶ Bestandsaufnahme,
▶ Risikoidentifikation,
▶ Risikoermittlung,
▶ Risikoanalyse und –bewertung,
▶ Risikobehandlung bzw. Maßnahmen,
▶ Controlling und Berichtswesen,
▶ Projektabschluss und Überführung als Geschäftsprozess.

WAS BRINGT ES?

Die erfolgreiche Einführung eines Risikomanagementsystems setzt eine umfassende Vorbereitung auf den Ebenen der Planung, Kommunikation und Ressourcenbereitstellung sowie klare und kommunizierte Verantwortungs- und Zuständigkeitsregelungen voraus. Zielgerichtete Analyse, Bewertung und Behandlung von Risiken sind in einem Unternehmen nur dann möglich, wenn über eine strukturierte Projektplanung mit exakt definierten Zielen, Vorgehensweisen und Sprachregelungen eine eindeutige Marschrichtung für alle Beteiligten vorgegeben ist.

Einerseits verhindert dies unnötige Fehleinschätzungen von Mitarbeitern, die sich durch die Risikoanalyse in ihrem Bereich oftmals überwacht und in Frage gestellt fühlen. Eine konstruktive Arbeit ist nur dann möglich, wenn die Risikomanager bzw. Projektbeteiligten nicht mit Negativassoziationen verbunden werden, so, wie es häufig bei Revisoren in Großunternehmen der Fall ist.

Andererseits wird durch ein abgestimmtes, durchdachtes Vorgehen unnötiger Aufwand (z. B. aufgrund ungeeigneter Organisationsstrukturen und Prozesse) vermieden.

WIE GEHE ICH VOR?

3.2.1 Vorbereitungsphase

In der Vorbereitungsphase sollten die

- ▶ exakte Zielstellung,
- ▶ Projektorganisation, -planung und -struktur,
- ▶ Schaffung einer einheitlichen Begriffswelt,
- ▶ Qualifizierung der Projektverantwortlichen und
- ▶ Erstellung von Projektdokumenten (Checklisten etc.) geplant werden.

Bei der Zielsetzung sollte die Geschäftsleitung die strategische Fokussierung auf die Ursache für die Einführung berücksichtigen. Mit Sicherheit ist die ideale Zielsetzung für die Einführung des Risikomanagementsystems die präventive Unternehmensführung. Risiken für das gesamte Unternehmen zu erkennen und zu bewerten, diese aber zum Teil auch als Chancen zu begreifen, scheint in den meisten Fällen der sinnvollste Ansatz. Daneben existieren andere, berechtigte Gründe, die ein Unternehmen dazu bewegen, sich für die Installation eines Risikomanagements zu entscheiden.

So kann es durchaus sinnvoll sein, die Konzentration auf das Risikomanagement im Zusammenhang mit einem Rating zu sehen. In diesem Fall darf in der Projektvorbereitungsphase der Bezug zu den Ratingfragebögen von Wirtschaftsprüfungsgesellschaften, Ratingagenturen oder Kreditinstituten nicht fehlen.

Liegt der Schwerpunkt für einen Geschäftsführer in der Implementierung eines Frühwarnsystems gemäß KonTraG oder Sarbanes-Oxley Act, wird sich das Risikomanagementsystem hauptsächlich auf die monetäre Komponente eines Unternehmens ausrichten (obwohl hierfür natürlich auch Basisanalysen hinsichtlich der Wertschöpfungskette des Unternehmens nicht fehlen dürfen).

Auch die bereits weiter oben angesprochenen Alternativen, ob ein Risikomanagementsystem in ein bestehendes System integriert oder als explizites Programm bzw. Organisationsform in einem Unternehmen aufgestellt werden soll, ist vor Projektbeginn zu klären und in der Zielstellung zu berücksichtigen. Diese Frage stellt einen so wesentlichen Aspekt dar, dass Kapitel 4 diesen eingehend erläutert.

Nach der exakten Zieldefinition ist die Festlegung der Verantwortlichen die nächste wichtige Station. Idealerweise übernimmt der Projektleiter später den Auftrag, das Risikomanagement in Verantwortung weiterzuführen. Dies kann in unterschiedlichster Weise geschehen: als Abteilungsleiter einer eigens installierten Organisation „Risikomanagement", in Personalunion z.B. als Controller, Revisionsleiter oder Qualitätsmanagementbeauftragter. Vielleicht stellt sich die Geschäftsführung sogar selbst dem Thema (was in kleinen und mittelständischen Unternehmen häufig am sinnvollsten erscheint). Unabhängig von diesen Möglichkeiten ist die Qualifikation des Projektleiters und/oder späteren Themenverantwortlichen in Form eines „Risikomanagers" wesentlich. Aus unserer Erfahrung heraus unterschätzen viele Beteiligte diese notwendige Qualifizierung. Das Risikomanagementsystem beinhaltet Schritte und mögliche differenzierte Vorgehensweisen, für die in vielen Fällen eine spezielle Schulung der Verantwortlichen unabdingbar ist.

Nicht nur der Projektverantwortliche, sondern auch die Mitarbeiter des Projektteams müssen ausreichend qualifiziert sein. Sie sollten neben dem fachlichen Input auch über grundlegende Kenntnisse über das Risikomanagementsystem und die angewendeten Instrumente verfügen.

Weiterhin sollten ausreichende Informationen an alle Mitarbeiter im Unternehmen bezüglich der Abläufe und Hintergründe kommuniziert werden. Die Basisinformation ist für die Mitarbeiter des gesamten Unternehmens notwendig (mindestens für die der ausgesuchten Pilotabteilung). Dies kann auf unterschiedliche Weise geschehen. Am besten am Ziel orientiert sind Kick-off-Veranstaltungen bzw. mehrere Veranstaltungen, kaskadiert in alle Ebenen und Abteilungen. Aber bereits Aushänge am schwarzen Brett, das klassische E-Mail-Anschreiben oder Hinweise im Intranet (wenn vorhanden) können ausreichend sein. Die Information der Mitarbeiter von Projektbeginn an ist als wesentlicher Schritt für die erfolgreiche Implementierung des Risikomanagementsystems zu betrachten. Dadurch soll vermieden werden, dass die stille Post im Unternehmen kursiert und Negativassoziationen bei dem Thema Risikomanagement entstehen, die bis hin zu Arbeitsplatzverlustängsten reichen können.

Informiert werden sollte mindestens über:

▶ Gründe für das Risikomanagement,
▶ was Risikomanagement ist,
▶ Nutzen von Risikomanagementsystemen,
▶ Projektorganisation, -plan und -inhalte,
▶ verantwortliche Personen (z. B. Projektverantwortlicher und -teammitglieder),
▶ nächste Schritte.

Diese Kommunikation dient auch der einheitlichen Sprachregelung im Unternehmen. Jeder muss das Gleiche verstehen. Da das Wort Risiko für viele Mitarbeiter etwas Negatives assoziiert, muss auch der damit einhergehende Positivaspekt erklärt werden, d. h. dass Risiko auch Chance bedeuten kann. Mindestens aber, dass die systematische Analyse, Bewertung und Behandlung von Risiken den Existenzfortbestand des Unternehmens zur Folge hat.

Einheitliche Sprachregelung

Für ein erfolgreiches Risikomanagementsystem ist die Begriffshygiene enorm wichtig.

• Abgrenzung von Risiko und Krise.
• Risiko bedeutet auch Chance.
• Ein Risikomanagementsystem bedeutet langfristige Existenzsicherung.

Ein weiterer wichtiger Vorbereitungspunkt des Projekts ist die Erstellung von Projektdokumenten wie Checklisten etc.

Werden Checklisten für die Durchführung von Risikoprozessen erstellt, sollte dies in Anlehnung an vorhandene Instrumente geschehen. Ratingfragebögen der Banken bilden inhaltlich eine gute Basis für weitergehende Checklisten in den einzelnen Unternehmensbereichen. Auch die Anlagen zur Bilanz/GuV bzw. die Lageberichte der Unternehmen sind als gute Grundlage zur Erstellung von Risikochecklisten geeignet.

Neben den inhaltlichen Fragestellungen steht auch die Entscheidung für die Form an. Der Einbau von Risikofragen in bestehende Auditfragebögen bedingt die Beibehaltung des formalen Aufbaus der Checklisten. So integrieren einige Unternehmen die Risikofragen in ihre existierenden Auditchecklisten oder bauen sie in die Selbstbewertungsmethodik z. B. nach dem EFQM-Modell ein.

Beim Aufbau eines eigenständigen Risikofragebogens sind folgende Aspekte zu beachten:

▶ übergeordnete Struktur (Themenfelder),
▶ Detaillierungsgrad (Teilthemenfelder),
▶ Bewertungsmöglichkeiten.

Bild 22 zeigt die Struktur eines Formblattes aus einem expliziten Risikofragebogen. In dieser Checkliste werden die jeweiligen Fragen mit der Schadenswahrscheinlichkeit und der möglichen Schadenshöhe als Risikoprioritätszahl (RPZ) multipliziert. Das Mittel der einzelnen Risikoprioritätszahlen ergeben die RPZ für das Teilfeld, deren Mittel wiederum die RPZ für ein gesamtes Risikofeld. Der Vorteil dieser Form der Checkliste ist der schnelle Überblick, in welchem Handlungsfeld Risiken mit Maßnahmen zu hinterlegen sind.

3.2.2 Bestandsaufnahme

Nach Abschluss der Vorbereitungsphase untersucht die Projektgruppe, welche Maßnahmen im Umgang mit Risiken bereits existieren. Hierfür empfiehlt sich eine Vorgehensweise gemäß der Risikomanagementbausteine aus dem Kapitel 2.

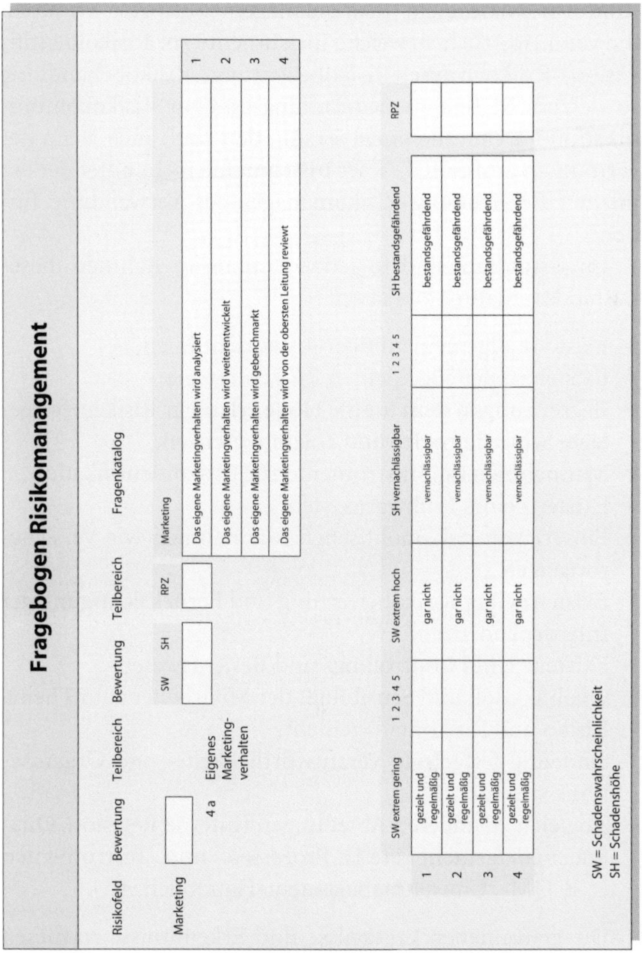

Bild 22: *Formblatt einer Risikocheckliste*

Konform mit diesem Risikomanagementprozess ermitteln die Verantwortlichen, welche Instrumente zur Risikoidentifikation, Risikoanalyse, Risikobewertung, Risikobehandlung sowie zum Maßnahmencontrolling und zur Risikokommunikation im Unternehmen vorzufinden sind, auch wenn der vermutlich größte Teil dieser Instrumente nicht unter der expliziten Bezeichnung Risikomanagement Verwendung findet.

Im Grundsatz sind folgende Punkte im Rahmen dieser Bestandsaufnahme zu klären:

▶ Existenz allgemein gültiger Risikorichtlinien,
▶ Existenz einer allgemeinen Risikostrategie,
▶ Begrenzungssystem für die Höhe erlaubter Risiken, festgelegte Schwellenwerte und Toleranzgrenzen,
▶ Maßnahmen und Instrumente zur Risikoidentifikation,
▶ Existenz eines Frühwarnsystems,
▶ Einsatz von risikopolitischen Maßnahmen wie Versicherungen etc.,
▶ Existenz einer Risikobewertung und Berücksichtigung der Interdependenzen,
▶ Existenz eines Controlling- und Berichtswesens,
▶ Qualifikation und Sensibilität der Mitarbeiter zum Thema Risiko und Risikomanagement,
▶ eindeutig festgelegte Verantwortlichkeits- und Organisationsstruktur,
▶ Abgleich zu anderen Abteilungen (interne Revision, Qualitätsmanagement etc.), Prozessen und Instrumenten (z.B. QM-, Umweltmanagement-Handbuch etc.).

Die gewonnenen Ergebnisse und Erkenntnisse zu diesen Fragen und die ermittelten Instrumente, die für ein systematisches Risikomanagement hilfreich sein können, werden auf

Vollständigkeit und Angemessenheit hin analysiert und überprüft.

Die Vollständigkeit zielt darauf ab, ob Instrumente bereits für das Risikomanagement genutzt werden (ob z. B. in einem Auditkatalog umfangreich typische Risikofragen enthalten sind).

Die Angemessenheit hinterfragt die Inhalte der angewendeten Instrumente (ob z. B. im Reportingsystem ausreichend detailliert Risikobewertungen aufgelistet sind). Die Angemessenheitsprüfung bezieht sich auch auf den zeitlichen Aspekt. So ist beispielsweise bei strategischen Risiken die jährliche Überprüfung meistens ausreichend, während andere Risiken unter Umständen ein tägliches oder gar kontinuierliches Monitoring erfordern (z. B. finanzielle Risiken bei Derivaten im Wertpapiergeschäft eines Fondsunternehmens oder Risiken bei der Prozesssteuerung bei Störfallanlagen in einem Chemiebetrieb).

Die Auswertung der Erkenntnisse aus der Bestandsaufnahme erlaubt also Aussagen darüber, ob die Maßnahmen in einem Unternehmen im Sinne eines Risikomanagements vorhanden, ausreichend und geeignet sind. Bei der Bestandsaufnahme zeigt sich in größeren Unternehmen häufig die Beurteilung der vorhandenen Instrumente durch die interne Revision als hilfreich.

Selbstverständlich könnte bei Notwendigkeit im Rahmen der Bestandsaufnahme sofort die inhaltliche Bearbeitung von Risiken vorgenommen werden. Hat der Geschäftsführer beispielsweise keine ausreichende strategische Risikobewältigung systematisch durchgeführt und ergibt sich dies aufgrund der Status-quo-Bestimmung, so kann dies der Projektleiter sofort als Maßnahme einleiten. Sind jedoch keine Sofortmaßnahmen zur Bewältigung von akuten Risiken erforderlich, erscheint es sinnvoller, nach Abschluss der Bestandsaufnahme ein Konzept für ein Risikomanagement zu erstellen, welches entlang des Risikomanagementprozesses gemäß Kapitel 2 systematisch umgesetzt wird.

3.2.3 Implementierung des Risikomanagementsystems

In der Phase der Bestandsaufnahme findet ein Vergleich zwischen den Soll-Anforderungen an das Risikomanagement und der Ist-Situation im Unternehmen statt. Dies bedeutet, dass bis zu diesem Zeitpunkt nur die Vollständigkeit und die Zweckmäßigkeit von ggf. vorhandenen bzw. als Risikomanagementbausteine nutzbaren Instrumenten analysiert werden. Die Durchführung des ersten eigentlichen Risikomanagementprozesses entlang der Bausteine gemäß Kapitel 2 erfolgt erst im Anschluss an diese Analyse.

3.2.4 Projektabschluss und Überführung als Geschäftsprozess

Sind alle Umsetzungsschritte für die einzelnen Risikomanagementbausteine erledigt, hat das Projektteam den vereinbarten Auftrag erfüllt. Dies bedeutet, dass

▶ für alle Bausteine des Risikomanagementsystems eine Struktur und Systematik festgelegt ist und
▶ mindestens einmal eine inhaltliche Risikoanalyse mit Maßnahmenplänen durchgeführt wurde.

Grundsätzlich empfiehlt es sich, zum Abschluss eine Lessons-learned-Runde durchzuführen. Hier ist zu analysieren, welche positiven und negativen Aspekte während des Projekts aufgetreten sind. Betraf die Umsetzung einen Pilotbereich, dann sollten die identifizierten Potenziale des Projektmanagements unbedingt genauer untersucht und für das folgende Projekt optimiert werden.

> **Projektabschluss**
>
> Nach erfolgreicher Umsetzung des Projekts
> • ist ein Projektreview durchzuführen,
> • sind die Projekttätigkeiten in einen kontinuierlichen Prozess überzuführen und
> • sind die organisatorischen Rahmenbedingungen zu setzen.

Für die Nachhaltigkeit des Projekts kommt es wesentlich darauf an, die Tätigkeiten und Ergebnisse nach Projektabschluss in der Aufbau- und Ablauforganisation festzulegen. Das Steuergremium des Projekts muss die Verantwortlichkeiten, Befugnisse und organisatorischen Rahmenbedingungen (Organigramm, Stellenbeschreibungen, Mitarbeiter, Budgets etc.) eindeutig determinieren und kommunizieren.

Dabei ist auf eine exakte Festlegung der Aufgaben des „neuen Risikomanagers" zu achten, wobei es unerheblich ist, ob dieser als neuer „Abteilungsleiter" oder in Personalunion auch andere Funktionen einnimmt. Führt ein Risikomanager eine eigene Abteilung „Risikomanagement", ist es besonders wichtig, Überschneidungen mit anderen Funktionen bzw. Abteilungen mit angrenzenden Aufgaben zu vermeiden. Dies kann beispielsweise bei der internen Revision, dem Controlling oder dem Qualitätsmanagementbeauftragten passieren. Ein Risikomanager fungiert im Sinne des Risikomanagementsystems eher als Koordinator und nutzt diese Abteilungen und Funktionen.

Soll das Risikomanagement organisatorisch nicht in vorhandene Organisationseinheiten integriert werden, stellt sich eine Anbindung direkt unter dem Vorstand oder der Geschäftsleitung als am sinnvollsten dar. Aufgrund dieser Nähe zum Topmanagement ist der Stellenwert der Funktion vorgegeben. Umso wichtiger erscheinen die frühzeitige personelle Festlegung und Kommunikation des Risikomanagers und dessen Aufgaben im gesamten Unternehmen.

Um die Nachhaltigkeit und Weiterentwicklung des Systems zu garantieren, ist es häufig zweckmäßig, einige Mitglieder des Projektteams nach Projektabschluss in die Prozessorganisation, ggf. in die entsprechende Aufbauorganisation (Abteilung Risikomanagement) des Unternehmens zu überführen. Die Geschäftsleitung sollte neben der späteren Besetzung des Risikomanagers (ggf. mit dem Projektleiter) auch die eventuelle Neubesetzung einzelner Mitglieder des Prozessteams bereits bei Aufstellen des Projekts in Betracht ziehen.

Insbesondere bei kleineren Unternehmen ist eine eigenständige Organisationsform des Risikomanagements aus Wirtschaftlichkeitsgründen selten sinnvoll (auch nicht in Kombination/Integration mit anderen Abteilungen). An dieser Stelle empfehlen wir den Einsatz von Projektteams, Arbeitsgruppen etc. Ein Risikosteuerungsgremium, das von einer externen Wirtschaftsprüfungsgesellschaft, einem Berater oder dem Controlling moderiert wird, koordiniert diese Teams.

Nach Überführung der Projekttätigkeiten in den Geschäftsprozess Risikomanagement empfiehlt sich nach spätestens einem Jahr, die Zweckmäßigkeit der implementierten Instrumente einem Review zu unterziehen. Dies kann zu dem Aufgabenbereich des Risikomanager zählen oder im

Rahmen der Vorbereitungen und Durchführung eines jährlichen Strategiemeetings passieren. Bei größeren Unternehmen mit einer eigenständigen internen Revisionsabteilung erscheint es sinnvoll, die Angemessenheit und Wirksamkeit des Risikomanagementsystems von dieser kritisch unter die Lupe nehmen zu lassen. In mittelständischen Unternehmen obliegt aufgrund des Fehlens einer internen Revision der Geschäftsleitung selbst diese Überwachungsaufgabe.

Der Erfolg des Projekts, d.h. die Implementierung eines Risikomanagements, ist mit der Nachweisbarkeit der Wirksamkeit abgeschlossen. Wie bereits im ersten Kapitel erwähnt, basiert die Ordnungsmäßigkeit der Geschäftsführung im Zusammenhang mit dem KonTraG auf einem wirksamen Risikomanagement. Dieses kann durch die positive Beantwortung folgender Fragen (z.B. durch eine unabhängige Wirtschaftsprüfungsgesellschaft) nachgewiesen werden:

Wirksamkeitsfragen

- „Hat die Geschäftsführung/Konzerngeschäftsführung Maßnahmen ergriffen und nach Art und Umfang Frühwarnsignale definiert, mit deren Hilfe bestandsgefährdende Risiken rechtzeitig erkannt werden können?"
- „Reichen diese Maßnahmen aus und sind sie geeignet, ihren Zweck zu erfüllen?"
- „Sind diese Maßnahmen ausreichend dokumentiert? Wird deren Beachtung und Durchführung in der Unternehmenspraxis sichergestellt?"
- „Werden diese Frühwarnsignale und Maßnahmen kontinuierlich und systematisch mit den aktuellen Geschäftsprozessen und Funktionen abgestimmt und angepasst?"

Die Inhalte des IDW PS 340 (Institut der Wirtschaftsprüfer in Deutschland e.V., Prüfungsstandard) zielen vornehmlich auf die Erfüllung des KonTraG ab. Der Standard ist aber auch für Risikomanagementsysteme geeignet, die ein Unternehmen deshalb aufbaut, weil

▶ das Unternehmen gut auf Ratings vorbereitet sein will,

▶ generell eine präventive Unternehmensführung gestalten will,

▶ oder andere mögliche Ursachen den Aufbau eines Risikomanagementsystems veranlassen.

4 Integration eines Risikomanagementsystems in bestehende Systeme

WORUM GEHT ES?

Effizientes Vorgehen ist derzeit in der Wirtschaftswelt mehr denn je gefragt. In allen Belangen nimmt die Diskussion über Kosten und Aufwendungen einen hohen Stellenwert ein. Vor diesem Hintergrund sollte jedes Unternehmen bei Einführung eines Risikomanagementsystems darauf achten, doppelte Arbeitsabläufe zu vermeiden. Ein systematisches Vorgehen und der Einsatz gezielter Maßnahmen ermöglichen es, vorhandene Organisationsformen und bereits existierende Managementsysteme zu nutzen.

Die im Kapitel 2 dargestellten Instrumente und Vorgehensweisen finden bereits in zahlreichen Unternehmen Anwendung. Mit deren Hilfe lassen sich die einzelnen Risikomanagementbausteine umsetzen. Oftmals ist nur die Betrachtungsweise eine andere, oder die Anwendung eines Instruments erfolgte bisher in einem eingeschränkten Bereich. So lassen sich beispielsweise die Selbstbewertung im Umfeld eines Qualitätsmanagements oder die herkömmliche interne Revision hervorragend mit den Risikothemen verbinden.

WAS BRINGT ES?

In vielen Fällen ist der Einsatz von vorhandenen Organisationen, Mitarbeitern, Arbeitsabläufen und Instrumenten ohne großen Mehraufwand möglich. Die Einführung eines Risikomanagements verursacht dadurch nicht zwangsläufig einen unverhältnismäßig hohen Einsatz weiterer Ressourcen.

Operative Risikofragen lassen sich beispielsweise in das bestehende Auditwesen integrieren. Auf diese Weise fallen keine zusätzlichen Interviews mit den betroffenen Mitarbeitern an.

Bereits installierte Instrumente bieten darüber hinaus den Vorteil, dass die Akzeptanz der Vorgehensweisen bereits gegeben ist. Ein weiterer Vorteil ergibt sich bei der Durchführung von Risikomanagementschulungen: Diese können sich auf die notwendigen Zusatzinformationen beschränken und verursachen somit geringere Kosten. Nicht zu unterschätzen ist schließlich der Integrationsvorteil, der sich aufgrund der fachlichen Nähe zu angrenzenden Themen ergibt, wie beispielsweise zu den Aufgaben des Controllings (Liquiditätsplan etc.), der Qualitätsabteilung (Sicherstellung der Kundenzufriedenheiten etc.), der Umweltbelange (Verhinderungen von umweltschädigenden Störfällen etc.). Die Beteiligten aus den Fachabteilungen sind in der Lage, Risiken in ihren Spezialgebieten besser abzuschätzen.

4.1 Risikomanagement, eine Aufgabe aller Beteiligten

WIE GEHE ICH VOR?

In großen Unternehmen siedeln die Vorstände bzw. die Geschäftsführung das Thema Risikomanagement meist bei der internen Revision oder anderen „finanznahen" Dienstleistungsabteilungen an.

> **Ursache-Wirkungs-Ketten sind der Schlüssel einer wirksamen Risikobetrachtung**
>
> Die Ursachen für finanzielle Schwierigkeiten bis hin zur Insolvenz müssen gründlich analysiert werden. „Unvor-

hersehbare" finanzielle Engpässe können z.B. ein Indikator für Versäumnisse im Bereich der Produktionsplanung oder der Beschaffung von Rohmaterialien sein.

Wie stark oder wie häufig ein Unternehmen mit den sogenannten „unvorhersehbaren" Ereignissen konfrontiert wird, hängt ab von der Qualität einer systematischen Risikoanalyse und Risikobehandlung der einzelnen Abteilungen. Die eigentlichen Wurzeln für finanzielle Risiken liegen häufig in der strategischen Ausrichtung und im operativen Tagesgeschäft eines Unternehmens.

4.2   Risikomanagement, bereits teilweise im Unternehmen vorhanden

Wir behaupten, dass in allen Unternehmen Risikomanagement zum Teil umgesetzt wird, d.h. dass Instrumente des Risikomanagements bereits etabliert sind. Häufig werden diese jedoch nicht als solche wahrgenommen und genutzt.

In vielen Fällen ist eine Anpassung der Managementwerkzeuge auf die Belange der speziellen Risikothemen notwendig. Dies setzt das Verständnis für Risikobetrachtungen bei allen Beteiligten voraus.

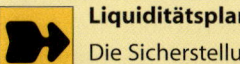

Liquiditätsplanung

Die Sicherstellung der Liquidität stellt eine der wesentlichen Aufgaben des Controllings dar. Ein Unternehmen erhält Zahlungseingänge von Kunden und hat selbst Zahlungen an Lieferanten, Mitarbeiter etc. zu entrichten. Um diesen Zahlungsstrom zu optimieren, verwenden viele Controller einen Liquiditätsplan, mit dem Folgendes angestrebt wird: Eingehendes Kapital soll möglichst spät das Unternehmen verlassen, um Zinsgewinne zu erzielen. Der Liquiditätsplan dient als Instrument zur Gewinnmaximierung. Unter Risikomanagementgesichtspunkten bildet er neben weiteren typischen Finanzinstrumenten (Betriebsabrechnungsbogen, Summensaldoliste etc.) die Grundlage für die Beurteilung der Bonität und damit der finanziellen Stabilität eines Unternehmens.

Auch anhand der Aufgaben der internen Revision lässt sich zeigen, dass in vielen Unternehmen bereits sehr gute Ansätze für die Einführung eines Risikomanagementsystems vorhanden sind. Unserer Erfahrung nach haftet an den Mitarbeitern der Revision ein eher negatives Image: Sie wollten den Mitarbeitern nur „auf die Finger klopfen" und jede Reiseabrechnung bis ins letzte Detail prüfen. Die originären Aufgaben der internen Revision unterschätzen viele Mitarbeiter. Letztendlich begutachtet die interne Revision das Einhalten von aufgestellten Regelungen und bewertet die Folgen bei deren Nichteinhaltung. Die Ergebnisberichte guter Revisoren zeigen also die Risiken auf, die aufgrund eines Verstoßes gegen Regelungen entstehen. Dabei geht es nicht nur um Kleinigkeiten, wie z. B. Fehler in der Reisekostenabrechnung. Die Revisionsberichte können auf das Eigenleben von Abteilungen hinweisen, die den Gesamtzielen des Unternehmens entgegenwirken (In einem Fall hat z. B. die Einkaufsabteilung für die Preissenkung von Zuliefermaterial hohe Montagekosten in der Produktionsabteilung in Kauf genommen.) Die Steuerungsfunktion der internen Revision soll die Zielsetzung des gesamten Unternehmens im Auge behalten und die häufig konträr laufenden, individuellen Ziele einzelner Abteilungen und Mitarbeiter im Hinblick auf dieses Gesamtziel abstimmen.

4.3 Zusammenhang von Qualitäts- und Risikomanagement

Der Vergleich des Risikomanagementsystems mit den in vielen Unternehmen gängigen Managementsystemen (wie z. B. dem Qualitäts-, Umwelt- oder Arbeitssicherheitsmanagementsystem) eröffnet interessante Integrationsmöglichkeiten.

Zunächst erscheint daher ein Vergleich einiger Forderungen des Qualitätsmanagements gemäß ISO 9001 mit Fragen des Risikomanagements sinnvoll. Die Übersichtsmatrix (Bild 23) zeigt einen (nicht vollständigen) Querschnitt und verdeutlicht eine Korrelation zwischen Risikofragen und Normforderungspunkten.

Die drei folgenden, detailliert ausgeführten Beispiele sollen die sinnvolle Integration von Qualitäts- und Risikomanagement belegen.

Beispiel 1: Die systematische Ermittlung der Kundenforderungen und die Überprüfung der Kundenzufriedenheit stellen einen wesentlichen Punkt der ISO 9001 dar. Sind Produktmerkmale nicht auf die Kundenforderungen abgestimmt oder bleiben sonstige Leistungen (Service, Liefereigenschaften etc.) hinter den Kundenerwartungen zurück, ist eine hohe Kundenzufriedenheit unwahrscheinlich. Es ist zu erwarten, dass über 90 % der unzufriedenen Kunden ohne Ankündigung abwandern. Nach ISO 9001 muss deswegen die Ermittlung von Kundenforderungen und -erwartungen z. B. über Marktbeobachtungen oder Marktforschung systematisch analysiert werden. Die direkte Wahrnehmung der Leistungen des Unternehmens aus Sicht der Kunden ist dabei zu ermitteln.

ISO 9001	Thema	Fragenbeispiele des Risikomanagements
4.2	Anforderungen an die Dokumentation	Existieren formelle Prozesse zur Identifikation von Veränderungen der lokalen gesetzlichen Rahmenbedingungen? Wird bei allen größeren Transaktionen das „Vier-Augen-Prinzip" angewandt?
5.5	Verantwortung, Befugnis, Kommunikation	Besitzen alle Mitarbeiter eine Stellenbeschreibung und einen Leistungsbeurteilungskatalog? Gibt es im Bereich formelle Regelungen bezüglich Benutzerprofilen und Zugangscodes? Werden in der Nachfolgeregelung die Änderungen der Geschäfts- und Organisationsstruktur berücksichtigt?
5.6	Managementbewertung	Reichen die Informationen an das Management aus, um das Leistungsniveau des Bereichs zu überwachen und den Entscheidungsprozess zu unterstützen? Werden Schlüsselprojekte zentral koordiniert und überwacht, und wird dem Topmanagement hierüber regelmäßig berichtet?
6.1	Bereitstellung von Ressourcen	Werden detaillierte Budgetpläne erstellt und werden die Soll-Ist-Budgetabweichungen effektiv berichtet und überwacht?
6.2	Personelle Ressourcen	Wird die Altersstruktur der Belegschaft in die zukünftige Personalplanung mit einbezogen?
6.3	Infrastruktur	Verfügt der Bereich an den wichtigen Standorten über adäquate Einbruchs- und Diebstahlschutzmechanismen? Werden Feuermeldungs- und -bekämpfungseinrichtungen verwendet und werden diese regelmäßig getestet? Gibt es einen Prozess für den Entwurf und die Weiterentwicklung von „Business Continuity Plans" für den Bereich?
7.2	Kundenbezogene Prozesse	Gibt es einen formell geregelten Prozess zur Identifizierung von Änderungen auf der Kundenseite und zur Bestimmung ihrer künftigen Bedürfnisse? Finden regelmäßig Treffen zwischen Produkt-, Marketing-, Verkaufs- und Prozessmanagern statt, um zu überprüfen, ob bestehende Produkte und Dienstleistungen den Bedürfnissen am Markt gerecht werden?
7.4	Beschaffung	Sind Abhängigkeiten von Lieferanten gegeben? Ist die Lieferfähigkeit des Unternehmens durch den Ausfall von Lieferanten gefährdet? (Existiert eine Notfallplanung?)
7.6	Lenkung von Überwachungs- und Prüfmitteln	Werden existierende Schutz- und und Meldeeinrichtungen regelmäßig geprüft und gewartet?

Bild 23: *ISO 9001 – Risikobezug*

Da der Kunde die finanzielle Einnahmequelle für das Unternehmen darstellt, gibt dieses Vorgehen eine Antwort auf Fragen des Risikomanagements:

▶ Wie entwickelt sich der Markt?
▶ Bringen veränderte Erwartungen des Marktes Risiken für das Unternehmen mit sich?

Viele Organisationen führen nur aufgrund der Normforderung Kundenzufriedenheitsmessungen ein. Verknüpft man das zum Teil formal praktizierte Vorgehen mit der Ermittlung von Risiken, dürfen beispielsweise folgende Fragen und Analysen nicht fehlen:

▶ Vergleich zu Wettbewerbern/Wettbewerbsprodukten,
▶ Bereitschaft zum Wiederkauf,
▶ aktive Weiterempfehlung durch Kunden,
▶ Anwendungseignung von Produkten/Kundennutzen,
▶ Unzufriedenheit strategisch wichtiger Kunden,
▶ Abhängigkeit von wenigen Kunden.

Beispiel 2: Der Umgang mit der Produkthaftung spielt als Risikofaktor in den Unternehmen eine große Rolle. Dies hat mehrere Gründe. Zum einen treten Endverbraucher immer selbstbewusster auf, sind bestens mit Informationen versorgt und seit der Marktdurchdringung der Rechtsschutzversicherungen auch langwierigen und kostenintensiven Prozessen nicht unbedingt abgeneigt. Zum anderen übertragen Kunden in der Wirtschaft immer mehr Verantwortung auf die Lieferanten (Qualitätssicherungsvereinbarungen etc.). Aus diesen Gründen decken klassische Fragestellungen der ISO 9001, wie Kennzeichnung und Rückverfolgbarkeit der Produkte, aus gesetzlicher Sicht, einen immens wichtigen Bestandteil ab. Gerade die Beweislastumkehr (ein Hersteller muss seine

Unschuld beweisen, nicht der Verbraucher dessen Schuld) führt dazu, dass Aufzeichnungen, respektive der Umgang (Anforderung der ISO 9001) mit Aufzeichnungen, wesentliche Risikofaktoren abdecken.

Beispiel 3: Als weiteres Beispiel für die Integrationsmöglichkeit von Risikothemen in ISO-9001-Regularien dienen interne Audits. Diese überprüfen die Konformität mit den auferlegten Regeln und Prozessen innerhalb eines Unternehmens. Sie ermöglichen bei sinnvoller Anwendung die ständige Verbesserung des Systems und damit der Prozesse in einem Unternehmen.

Risikothemen werden in den Audits nur zufällig betrachtet. Unberücksichtigt bleiben häufig Audits in Abteilungen, die nicht unmittelbar von den Forderungen der ISO 9001 betroffen sind (Controlling, Marketing, Buchhaltung etc.). Finanztechnische Fragen spielen in den Audits meist – wenn überhaupt – eine untergeordnete Rolle. Audits bieten jedoch eine ideale Plattform für Risikofragen, die sich in den Ratingbögen der Banken widerspiegeln. Zum einen kann jedes Unternehmen die in Ratingbögen geforderten Managementaspekte über die Audits abdecken (z. B. durch die Integration in die Auditchecklisten). Zum anderen können in Audits die wesentlichen Kennzahlen und deren Hintergründe in den entsprechenden Abteilungen kritisch hinterfragt werden. Die Erweiterung des Auditwesens zu einer „internen Revision" könnte ein wirksames Instrument im Rahmen des Risikomanagementsystems darstellen.

4.4 Zusammenwirken von Risikomanagement und weiteren Managementwerkzeugen

Neben der ISO 9001 wenden Unternehmen weitere Instrumente und Methoden an, die teilweise Risikothemen berücksichtigen. Bild 24 zeigt einen Ausschnitt der Risiko beeinflussenden Werkzeuge, die in der Praxis Anwendung finden.

Bei einigen dieser Werkzeuge handelt es sich um Verfahren, die sich aus gesetzlichen Anforderungen ableiten. Als Beispiele hierfür lassen sich die Gefährdungsanalysen im Bereich der Arbeitssicherheit und die Gefährdungsanalysen im Umfeld der Störfeldverordnung (in der Regel HAZOP-Verfahren) anführen. Sie berücksichtigen Risiken, die sich aus

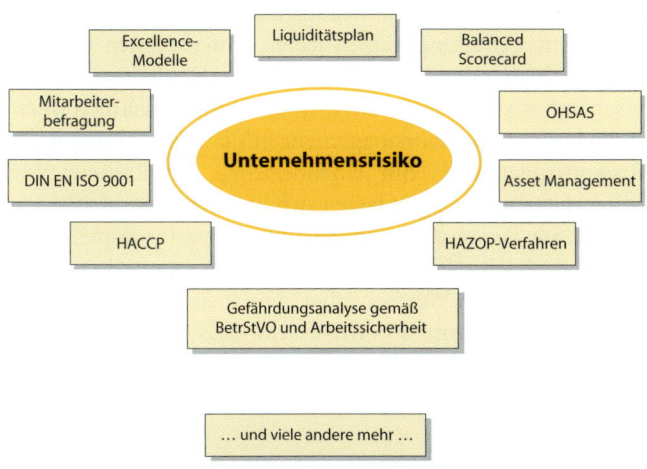

Bild 24: *Werkzeuge und Systeme des Risikomanagements*

dem Betreiben von Anlagen oder der Produktverarbeitung für Mensch und Umwelt ergeben. Ähnlich verhält es sich mit Systemnormen, wie z. B. der DIN EN ISO 14001 für Umweltmanagement, HACCP für die Lebensmittelherstellung und -verarbeitung sowie OHSAS für Arbeitssicherheitsmanagementsysteme. All diese Normen behandeln Risiken und entspringen einer freiwilligen Verpflichtung der Unternehmen.

Umfassende Qualitätsmanagementsysteme, wie das Excellence-Modell der EFQM (European Foundation for Quality Management) stellen die Grundlage für die Durchführung von Selbstbewertungen dar. Diese Selbstbewertungen dienen als Ergänzung bzw. Ersatz von Audits. Viele Ansatzpunkte des EFQM-Modells überschneiden sich mit Fragen des Risikomanagements. Daher bietet sich eine Verknüpfung dieser Methodik mit dem Risikomanagement an.

Ein weiteres wichtiges Werkzeug, welches im Rahmen des Risikomanagements eine bedeutende Rolle spielt, stellt die Mitarbeiterbefragung dar. In jedem Unternehmen ist einer der entscheidenden Erfolgsfaktoren der Mitarbeiter. Deshalb erscheint es vor allem in Dienstleistungsunternehmen unerlässlich, das Personalmanagement in die Betrachtungen des Risikomanagements mit einzubeziehen. Im Rahmen von Mitarbeiterbefragungen lassen sich wichtige Erkenntnisse zu Risiken im Personalbereich gewinnen. Es gilt beispielsweise herauszufinden, ob Mitarbeiter zu einem Wechsel (gegebenenfalls zu einem Wettbewerber) bereit sind. Den Personalverantwortlichen muss bewusst sein, dass Know-how wertvoll ist und daher im Unternehmen entwickelt und gehalten werden sollte.

👍 **Bestehende Instrumente um Risikothemen erweitern**

Folgende Risikobelange lassen sich z. B. im Rahmen von Mitarbeiterbefragungen ansprechen:

- Haben Sie sich im letzten Jahr damit beschäftigt, das Unternehmen zu verlassen?
- Haben Sie einen Stellvertreter, der Sie fachlich vertreten kann?
- Können Sie mit Ihrem derzeitigen Wissensstand Ihre Aufgaben gut erledigen?
- Risiken können durch Anpassung bestehender Instrumente somit besser erkannt und behandelt werden.

Als letztes Beispiel soll an dieser Stelle auf ein strategisches Instrument hingewiesen werden, das vor allem in größeren Unternehmen bereits Fuß gefasst hat: die Balanced Scorecard (BSC). Die BSC generiert strategische Ziele und Programme aus einer Abwägung von Kernkompetenzen des Unternehmens einerseits und langfristigen Zielsetzungen andererseits. Zur Vorbereitung des BSC-Prozesses führen viele Unternehmen eine SWOT-Analyse (strength: Stärke – weakness: Schwäche – opportunity: Chance – threat: Risiko) durch. Der Name dieses Analyseinstruments verdeutlicht bereits die bewusste strategische Berücksichtigung von Risiken. So kristallisieren sich beispielsweise im Rahmen einer durchgeführten Analyse Markt- oder Technologierisiken für ein Unternehmen heraus. Die gewonnenen Erkenntnisse stellen schließlich die Grundlage für entsprechend einzuleitende Maßnahmen, etwa eine Innovationsoffensive, dar.

5 Entwicklungen und Trends

5.1 Risikomanagement greift um sich

Die verheerenden Auswirkungen eines Tsunami führten vielen Menschen vor Augen, welcher Schaden durch mangelndes Risikomanagement entstehen kann. Die immer lauter werdenden Rufe nach einem Frühwarnsystem sorgten für erste Aktivitäten in dieser Richtung. Frühwarnsysteme und Risikomanagement gewinnen auch in der Wirtschaft mehr und mehr an Bedeutung. Lassen Sie uns einige Gründe für diesen Trend nennen:

▶ Erhöhte Anforderungen an die Lieferleistung

Neben den finanznahen Dienstleistungsbranchen (Banken, Versicherungen) setzte sich die Automobilindustrie bereits früh mit Risikomanagementsystemen auseinander. So fordert die internationale Qualitätsmanagementnorm ISO/TS 16949 von Lieferanten Notfallmaßnahmen zur Aufrechterhaltung der Lieferfähigkeit. Zunehmende Forderungen an Flexibilität, Liefertermintreue und günstige Preisgestaltung erhöhten das Risiko des Ausfalls von Lieferanten in den letzten Jahren. Die Risikoanalyse bei Lieferanten gewinnt daher an Bedeutung, was sich z. B. an der Zunahme von Lieferantenaudits erkennen lässt. Bei einer langfristig geplanten Zusammenarbeit stellt die Risikobetrachtung für Unternehmen der Automobilindustrie insbesondere bei kleineren Zulieferfirmen ein wesentliches Auswahlkriterium dar.

▶ *Zunehmendes Outsourcing*

Auch ein zunehmendes Outsourcing, d. h. die Auslagerung von Produktionsschritten und -teilen zu Subunternehmern, lässt die Risikobetrachtung bei Lieferanten an Bedeutung gewinnen. In vielen Branchen ist es *en vogue*, bisher selbst gefertigte Teile per Outsourcing kostengünstiger fremd zu beziehen. Darüber hinaus drängen zunehmend Lieferanten beispielsweise aus Schwellenländern (China etc.) in den Markt, die wesentlich günstiger anbieten. Für den Beschaffungsprozess eines Unternehmens bringt ein derartiger Lieferantenwechsel eine völlig neue Dimension an Risiken (Währungsunsicherheiten, politische Instabilitäten, Transportprobleme, interkulturelle Differenzen etc.) mit sich, die bisher nur eine untergeordnete Rolle spielten.

▶ *Zunahme der Insolvenzen*

Es erscheint ferner ratsam, Risiken nicht nur aus Kunden-, sondern auch aus Lieferantensicht zu betrachten. Die Pleitewelle in den letzten Jahren zeigte, dass ein heute vermeintlich guter Kunde morgen bereits insolvent sein kann. Viele Unternehmen, insbesondere in der Baubranche, machten diese leidvolle Erfahrung. Gegenseitige Vertragsbürgschaften sind die Folge dieser Entwicklung. Ein Unternehmen muss nicht nur die eigene Lieferantenstruktur, sondern auch die Kundenstruktur analysieren, um eventuelle Abhängigkeiten zu vermeiden.

▶ *Auswirkungen der Globalisierung*

Auch folgende Beobachtungen dürfen Unternehmen nicht unberücksichtigt lassen: Die abnehmende Population in Deutschland führt zu einer sinkenden Kaufkraft. Gleichzeitig nimmt der Einfluss des Exports auf die deutsche Konjunktur zu. Gerade der Mittelstand muss sich die Folgen der Internationalisierung vergegenwärtigen und Chancen und Risiken abwägen. Somit werden Risikobetrachtungen ein ständiges Aktionsfeld der Unternehmen.

▶ *Änderungen bei der Kreditvergabe*

Wie in den vorangegangenen Kapiteln bereits dargestellt, hat sich die Vorgehensweise bei der Kreditvergabe geändert. Skandale *à la* Schneider, Holzmann und Co. gaben den Anstoß für ein Umdenken auf Bankenseite und führten zu einer Sensibilisierung der Kreditgeber bezüglich möglicher Risiken. In diesem Zusammenhang sind die Schlagwörter Rating und Basel II zu nennen, welche in einigen Unternehmen umgesetzt werden, um die Risikotransparenz zu verbessern.

5.2   Risikomanagement zertifizieren?

Unter Berücksichtigung der oben beispielhaft dargelegten Trends in der Wirtschaft scheint die Zertifizierung eines Risikomanagements für viele Unternehmen zunehmend attraktiv zu werden. Die Vorteile, die eine Zertifizierung für das Unternehmen mit sich bringt, sind nicht von der Hand zu weisen:

▶ Ausschluss der Betriebsblindheit und Außenimpulse,
▶ Zwang zur Systematik,
▶ Transparenz im Umgang mit Risiken für interessierte Kreise (Banken, Kunden etc.).

Einige Unternehmen gehen daher bereits diesen Weg eines zertifizierten Risikomanagementsystems.

In Deutschland galt bisher der IDW-Prüfungsstandard als bevorzugter Standard bei der Etablierung von Risikomanagementsystemen. Dieser Standard des Instituts für Wirtschaftsprüfer bietet eine Orientierungshilfe für den Aufbau eines Risikomanagementsystems, unterliegt jedoch keinem akkreditierten Zertifizierungsverfahren. Im australischen und asiatischen Bereich existieren bereits akkreditierte Zertifizierungsmöglichkeiten nach der Norm AS/NZS 4360:1999 für ein Risikomanagement mit Leitfäden zur Implementierung und zum Aufbau von Risikomanagementsystemen. Dieser Trend der Normierung und Zertifizierung setzt sich auch in Europa fort. Neben der australischen/neuseeländischen Norm ist die österreichische Normenreihe ON-Regeln 49000–49003 als möglicher Ansatz erwähnenswert.

Zusammenfassend bleibt festzuhalten, dass Risikomanagement durch die voranschreitende Standardisierung auf dem Vormarsch ist. Die Zertifizierung eines Risikomanagementsystems kann in Zukunft einen Wettbewerbsvorteil gegenüber konkurrierenden Unternehmen darstellen.

Literatur

Keitsch, Detlef: Risikomanagement, Schäffer-Poeschl Verlag, Stuttgart 2000

Frank, Robert: ISO/TS 16949:2002 umsetzen, Carl Hanser Verlag, München 2004

Martin, Thomas; Bär, Thomas: Grundzüge des Risikomanagements nach KonTraG, Oldenbourg-Verlag, München 2002

Romeike, Frank: Lexikon Risiko-Management, Wiley-Verlag, Weinheim 2004

Theden, Philipp; Colsman, Hubertus: Qualitätstechniken, Carl Hanser Verlag, München 2005